就要有格调

丁方◎编著

三层装饰

清华大学

出版社

北京

内 容 简 介

　　家庭装修是把生活的各种情形"物化"到空间之中。大的装修概念包括房间设计、装修、家具布置以及富有情趣的软性装点。通常业主会亲自介入到装修过程中，不仅在装修设计施工期间，还包括入住之后长期不断地改进。装修是件琐碎的事，需要业主用智慧去整合，是一件既美妙又辛苦的事情。

　　找对装潢公司非常重要，选择装潢公司不能轻信广告，业主必须自己具备一定的装修知识、品位以及对装修流行趋势的把握。如何挑选家装公司？如何和设计师沟通？你真懂颜色吗？全包还是半包？装修禁忌又有哪些？如何装修更省钱？……除了基本流程之外，装修更是一种对直觉、美学等综合能力的考验。

　　本书结合大量实例（不乏大量获奖作品），以主人公故事的形式，以点带面，从真实、简单的问题出发讲解枯燥难懂的装修知识。

　　本套书适合都市住宅业主、家装和软装类设计师、设计院校学生阅读。全套书有 5 册：一居分册、二居分册、三居分册、改造分册、软装分册，本书为三居分册。

本书封面贴有清华大学出版社防伪标签，无标签者不得销售。

版权所有，侵权必究。侵权举报电话：010-62782989　13701121933

图书在版编目(CIP)数据

三居装饰——就要有格调 / 丁方编著.—北京：清华大学出版社，2016
（家装故事汇）
ISBN 978-7-302-42101-6

Ⅰ．①三…　Ⅱ．①丁…　Ⅲ．①住宅—室内装修　Ⅳ．①TU767

中国版本图书馆 CIP 数据核字（2015）第 267392 号

责任编辑：栾大成
封面设计：杨玉芳
责任校对：胡伟民
责任印制：刘海龙

出版发行：清华大学出版社
　　　　　网　　　址：http://www.tup.com.cn，http://www.wqbook.com
　　　　　地　　　址：北京清华大学学研大厦 A 座　　　　邮　　编：100084
　　　　　社 总 机：010-62770175　　　　　　　　　　邮　　购：010-62786544
　　　　　投稿与读者服务：010-62776969，c-service@tup.tsinghua.edu.cn
　　　　　质 量 反 馈：010-62772015，zhiliang@tup.tsinghua.edu.cn
印 装 者：北京亿浓世纪彩色印刷有限公司
经　　销：全国新华书店
开　　本：210mm×185mm　　　　印　　张：7　　　　字　　数：488 千字
版　　次：2016 年 2 月第 1 版　　　　　　　　　　　印　　次：2016 年 2 月第 1 次印刷
印　　数：1～3000
定　　价：39.00 元

产品编号：047441-01

Preface 前言

三居装饰
——就要有格调

家的本原是人类为了抵御自然气候的严酷而建造的挡风遮雨的场所，使室内的微气候适合人类的生存，同时也有防卫的功能。那设计是什么呢？在某个特定的室内空间，选用什么样的窗帘，铺陈什么样的桌布，选用什么样的沙发和餐桌，什么体质的人用什么类型的床……人们对美的认识，基于不同的文化背景和生活需要会存在巨大的差异。在不同的历史阶段，对于什么是美更会有截然不同的理解。

今季流行撞色和复古，下季又流行什么呢？变幻莫测的趋势潮流，人是很容易在"美"当中迷失的。不同于服装等潮流快消品，建筑空间相对不容易折腾和变化。"一造型就动银子，太风格就容易过时。"我们总听人抱怨家装的种种问题。美好的室内环境不是靠钱就能堆砌出来的。一个优质的家不仅要有相应的品位修养和足够的文化底蕴，更要怀揣一种态度，那就是对美好、健康的生活方式孜孜以求的心。

20世纪80年代的宾馆型和90年代的豪华型"家"，2000年初冷漠一片的北欧风，到如今变得越来越人性。经济发展了，人变懒了，懒得折腾，希望变得更实用。可是很矛盾，当下，我们要彰显个性！总之，华而不实、缺乏实用性、一味追求观感和气派已经OUT了，简洁、舒适、个性化、人性化的实用主义正当道。好的室内设计不单单是美的，更应该是适用的：适用于使用者的生活和工作习惯、经济状况和对未来的预期。设计师的职责是在个人审美和客户需求之间达成某种平衡，在坚持和妥协之间做抉择。这个过程与其说是设计师和客户之间的讨论，不如说更多的是设计师对自身艺术观的一种传递。

再也不要羡慕样板房、五星级酒店的设计配置，也不要苦于求学无门，通过看一本可供参考的设计工具书，或许你就可以自己动手打扮家。房价高涨的今日，多买一片空间，就得全力将它扮靓！从设计的角度讲，多一块空间，总是更容易设计出彩，正如美食需要好食材，靓衣配佳人，好设计需要大空间。

本书图文并茂，案例翔实，但不止于案例的描述。通过一个个平常人家的案例，意在告诉你设计的基本知识、色彩的搭配、功能的拓展、空间的利用、材料的选择、预算的节省等。

谁说艺术浪漫无边？任何知识和技法都是有章法可寻的。通过一本书讲述一些设计的浅显道理是本书的初衷。太过深奥、太过学术性，你会觉得非常茫然。本书尝试叙述家装设计的故事，以比较生活化的口吻来诠释。对于专业设计师来说，这无疑是为你找寻灵感带来帮助，而普通的读者通过阅读此书也同样会受益良多：谁不想营造一个更精彩的生活环境呢？

丁 方

目录

三居装饰
——其实可以更精彩

1. 漫步芝加哥——当现代美式遇到中式古典

Angel 的先生曾在芝加哥生活多年，
娶了中国太太在上海安家，
也难免常常思乡。
体贴的 Angel 理所当然地将现代美式风格列为房间的主风格。

Project Information
项目信息

业主：
Angel

职业：
广告行业

常住人口：
2 人世界 + 2 只猫咪

房屋类型：
三室两厅两卫

建筑面积：
135 平方米

装修风格：
现代美式混搭中式古典

设计师：
上海瀚高室内装饰设计有限公司 韩蓉

"流行稍纵即逝，风格总存。"
这句经典的话语正是出自一个
美丽而非凡的女子——可可·夏奈尔。
而青睐于夏奈尔的钟小姐在 2014 年的夏天
也同样成就了一个典雅而又独特的
美式风格的家。
在上海市区的一套精致公寓房内，
一幅幅典雅温婉的生活景象
在主人的精心打造下
被完美地呈现了出来。

清新融合的生活方式

东西文化的碰撞与融合在两人之间常常发生，家亦如此。两人都愿意体验各种不同的生活方式，对旅行和异域文化乐此不疲。于是，中式和西式在这个房间中和谐共存。设计师将一种既有美式现代风格，又能蕴含东方美学的设计手法融入一室，为空间注入另一种属于新西方美学的清新前卫的气韵。美式的大气、现代的简约集一身，客厅显现出的是古今合一的新美式精神。

摒弃传统美式风格严肃刻板、浮华繁琐的缺陷，本案无论是色彩还是材质都遵循了"减法原则"，浅色系的大花板和地板、造型简约的吊顶、色泽统一的家具陈设等一同将空间勾织成一幅清爽宜人的画卷。

中式家具增添厚重感

在继承了传统美式风格精髓的基础上，融入了含蓄沉稳的中式元素，几件深色的中式家具让整个空间被赋予了一种深邃的历史感。

餐厅中，中式韵味浓郁的储藏柜及油画，充分暗示了空间被赋予的中国精神。

而主卧里的 <u>实木橱柜</u> 其实是个电视柜，为空间增添了几许古雅韵致；视觉尽头的端景设计别出心裁，既起到了装饰作用，又为洗手间引入了光线。<u>米色大马士革花纹墙纸配驼色的墙面</u>，和谐、淡雅、温馨。

主卫内，温润淡雅的色质，细致合理的设计，呈现给我们的是优雅脱俗的中式气韵。烛光摇曳出脉脉温情，<u>中式花格玻璃窗</u>透射出丝丝浪漫。

2.心如素笺——海风吹拂下的白色空间

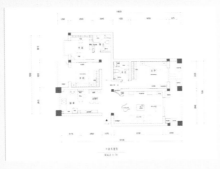

Project Information
项目信息

建筑面积：
95 平方米

格局：
三室两厅两卫

改造亮点：
玄关

设计公司：
翰高融空间

主体色调：
白色

纯白：不张扬却蕴藏无限
Christal 与很多 80 后给人的印象不同，
个性不张扬却见解独到，
静淑中带着深厚的文化底蕴。
温和而内敛的夫妻俩除了希望自己
的家是温和、宜人的，
还希望有一种回归自然的感觉。
于是，就有了这清爽纯净的
素色空间。

地中海风格的特点在家中得到了极致的体现，
一切都无须造作，只以本色呈现，
却成就了这样浑然天成、纯美的色彩组合。
白色的客厅内，窗帘、桌布、沙发套等布艺全部以
低彩度色调的素雅小碎花、条纹、格子图案的棉织品作为点缀装饰。
而独特的手抹墙拱门，
也成就了地中海风情的别致和清新。

亮色：
自然之境中的精彩

舒适的白色基础是最环保、最自然的色彩，
勾勒出房间原色的自然境界。不时会有那令
人眼前一亮的条纹点缀，不突兀、不奢华，
仿佛在无声无息地梳理着空间的思绪。

而绿色的一枝一叶，在家里的每一处伸枝发芽，以最简单的形态显出生命之美。小巧可爱的绿色盆栽在日光的映衬下，显得尤为清翠怡人。

卫生间更是打破了白色主题，改用彩色的小砖，贴出了民族风情。整体氛围幽静、素雅，但饰品给这份宁静带来了变化。

改造：

弧形带来的通透和变化

进门处正对着深长的走廊，客厅方正的格局又太过呆板。设计师在客厅对着进门处的墙上安排了斜式的圆洞和护栏，这一点点的通透既带来了卫生间前过道的光亮，又弥补了没有玄关的缺憾。

大量纯白的墙面、家具正宛如一位素颜的少女。 但纯白的墙面很容易让人觉得过于单调，因此，设计师加入了一些局部小点缀。在客厅正对玄关的墙角做了假壁炉呼应浑圆的主题，给客厅多了一个景观看点，也弥补了没有沙发和电视背景墙的缺憾。

家具放大看：
触感温柔的软包床

软包床分为布艺和皮质，虽然造型大同小异，但对于喜欢靠在床头看书、看电视的人来说，软包床所带来的全方位温柔触感更能让他们体验优质享受。另外加高的软包头部还能作为卧室背景墙，营造温馨氛围。而不同薄厚和高低的软包床也便于用户根据环境来选择或订制。

软包床挑选秘籍
（1）软包床除了要关注框架中的人造板材是否环保外，还应该注意包裹在外面的海绵、面料是否环保。（2）注意区分皮质真伪。真皮有不规则的天然毛孔和皮纹，指压呈散开状细皮纹，仿皮则没有。（3）要用手按压软包床的表面，如果能明显感觉到木架存在，说明填充密度不高，弹性差。

3. 书天下——巧用零碎空间

Project Information
项目信息

设计师：
五凹国际设计 谌建奇
业主：
70 末爸妈＋两岁小孩
房屋类型：
三室两厅两卫
设计亮点：
阳台改成书房、餐厅移位
装修风格：
温馨低调的简约风
总造价：
14 万（硬装＋软装＋家具＋家电）

Mila 儿子两岁，
正是好动的年龄，要有独立的
房间给他上天入地。Mila 喜欢看书，
要有独立的书房静静享受独处时光，
于是，三房居然都不够用了。
Mila 太太刚给孩子买了喜羊羊的大型拼图，
朋友又送来了成套的汽车模型。刚买的变形
金刚已经成了旧爱，篮球架也慢慢玩厌了……
玩具越来越多越来越大，儿童房里都放不下，
开始慢慢侵蚀书柜、衣柜、电视柜，
储藏空间急待增加。经设计师妙手，
这些都在不大的三房里
——解决。

阳台书世界，三房变四房

爸妈偶尔来小住，次卧得留给父母。孩子年岁渐长，单独的儿童房有助于培养独立精神。难道，自己的书房梦想就此搁浅？设计师扩展了北阳台，帮 Mila 轻松圆梦。将北阳台拆除做成书房，并扩展至部分餐厅位置，而将原先的餐厅向南移了一些。原先本无法拆除的承重墙被顺势做成书架的立柱，包上木贴皮。而靠近窗子的一边则留出了一块"赏景区"，Mila 可以随意地半躺在这里看看窗外的风景。

为了不影响餐厅的采光，书房舍弃门而改为窗帘，通过隔断爸将两个区域划分开来。而餐台边的大面积玻璃镜面的反光则在夜晚更为这个区域增亮。

柜不嫌多，强化收纳功能

使用优雅的灰调，设计师在硬朗和柔和的风格中很好地找到了平衡，而房间实用丰富的收纳空间也非常合 Mila 三口之家的心意。

两个卧室的门后，都有一个无法利用的死角。设计师将它们都做成了壁柜，而主卧的壁柜更是花了一番心思将柜门做成镜面。长长的走廊立刻变成了试衣间，穿上衣服走两步试衣，远近皆宜。

巧妙利用 让衣柜空间翻倍

Mila 家的衣柜虽多，但如果疏于管理，一样会变成无处下脚的杂货间。现实中衣柜的空间局促，如果能在摆放位置、柜体、柜门以及配件方面正确选择，并且掌握一些有效的整理技巧并坚持应用，也可以让原有的使用空间达到翻倍的效果哦。

巧用抽屉

通常，在衣柜的叠放区内会大量地用到抽屉。衣柜抽屉可收放不易悬挂的衣物，分普通抽屉和分格抽屉，普通抽屉一般收纳怕挤压的衣物，如手工缀珠服饰、针织、丝质衣物及睡衣、内衣，最好以折叠方式收藏，也可用于存放私人的文件或者贵重物品。分格抽屉即带格子的叠放区，可以存放领带、丝巾、内衣、内裤、袜子等。并且，尽量选择较深的抽屉，因为它有较大的空间来放置 T 恤等衣物，同时也有防止衣柜摇晃的作用。

巧用零碎空间

当衣柜眼看着就要被塞满的时候，这时就得需要我们再挤出些空间，尤其是对于零碎空间的利用。比如悬挂长裙外套的地方，底部若是有剩余的空间就可以放入包类等物品。或是另外设计成多层式鞋架，原本看似无用的空间一下子就被百分之百利用了。

4. 新美式风情——边角的拓展利用

Project Information
项目信息

设计：
1917

建筑面积：
120 平方米

房屋类型：
三室两厅，错层

装修风格：
现代美式风格

硬装价：
10 万

家具品牌：
Harbor House、美克美家等

重要元素：
懒汉椅

主要色调：
灰色调的运用（蛋壳青、蓝灰、米驼色）

设计亮点：
错层台阶

老公心目中的婚后幸福生活，
是做一颗幸福的沙发土豆。
"要有一个大大的、宽敞的沙发，
周末可以在上面窝一天。"
"那就选懒汉椅吧！坐着最舒服了！"吴小姐说。
于是，在美国家喻户晓的 La-Z-Boy（懒汉椅）
成了他们最先决定要使用的元素。然后，
设计师根据这个沙发椅
来做整体风格色彩及家具搭配，
这才有了这个现代美式风格的家。

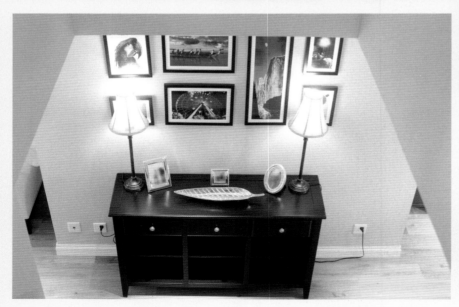

色彩渐变魔术

一般都是先生负责硬装，妻子负责软装。但偏偏老公对舒适度要求极高，于是在装修分工上就变得很有意思，吴小姐负责水管排线这些隐蔽工程，而老公则把握色彩风格及软装选择。事实证明，交换分工非常正确，色彩及软装成了这套设计的亮点，每个房间颜色都有微妙的区别，但又和谐统一在一个色系上，这就要求设计师具备极高的色彩敏感度。

从玄关的灰色到客厅的豆绿青，再到楼上书房的蓝灰、卧室的米驼色，在灰色调的延续中又略作变化，让人不觉得沉闷。

幸福沙发土豆

小错层的房型，功能区划分很合理，非常适合居住。大大的客厅，采用灰绿色的墙面漆，很适合打造舒适的效果。电视背景墙两侧各打造一组壁龛，是很美式的做法。而大大的沙发，则更有美国派的休闲感。客厅的沙发及吊灯、台灯都买自 Harbor House，而之前的沙发由于吴小姐老公一时"贪念"，买回的尺寸太大，只能重新换货。"小小的曲折反而增添了沙发的厚重，每次躺在上面更觉得舒适来之不易。"吴小姐说。

自由照片墙

餐厅及进门的墙边柜区域应用了很多不同尺寸的相框设计，是大家在软装中值得学习的地方。别小看这些小细节，每个画框的大小都是设计师出立面图，再研究后确定的，用心的搭配才能带给我们完美的视觉享受。

边角的拓展利用

根据厨房尺寸，设计师选择了L型橱柜，墙体经过了巧妙的改动，冰箱的位置变得合理而方便。同时在阳台也打造了工作区域。保持整体风格统一的同时，也满足了业主的使用需求，功能性与美观性相得益彰。

清新美式风

书房整体感觉是一种很清新的美式风格，具备休闲的气质，不复杂。白色系的转角书桌配合灰蓝色墙面，用在这个房间里是再适合不过了。当然，在哪里都不忘摆放沙发的老公，自然不会遗漏书房。一个红色的单人沙发给书房增添了舒适的气氛。

二楼的结构基本属于套房性质，供夫妻二人使用。主卧背景墙没有选择壁纸或其他颜色墙面漆，而是在硬装上，通过层次结构来做区分。灰奶咖色搭配蓝色窗帘，冷暖对比过渡，是欧美的配色做法。

主卧所有家具均购于美克美家，床套是后来设计师和业主重新配做的。通过色彩及软装打造美式休闲感，是卧室也是整套房子的整体基调。

小清新的摆设搭配法则

小清新结合霸气的美式家具显然很符合国人口味，奢华之余不显张扬。这种风格的摆设也非常百搭，只要是同类木色的小闹钟、枱几等都可。而植物建议选用百合、雏菊等以显温婉。

5. 生活的哲学家——东南亚风格带回家

Project Information
项目信息

房屋类型：
三室两厅

建筑面积：
95 平方米

设计公司：
杭州麦丰装饰设计有限公司　刘炽

施工方式：
半包，含家具制作

装修风格：
东南亚（巴厘岛）风格

主要用材：
柚木饰面、实木装饰柱、马赛克、黄洞石、仿古砖

材质对比：
木格移门与钢窗、竹篾与玻璃等

杭州的西湖长堤、
烟雨溪林，已充满了江南韵致，
如同一幅水墨画卷。
可王春华却并不满足这清淡的色调，
而偏爱南亚的浓艳热带风情。
"热情的笑容、灿烂的阳光，
生活中应该更多直白热烈的东西！"

在一次旅行中，王春华找到了那种感觉，
它叫巴厘岛。这个浪漫的地名代表着赤道南 8 度，
印度洋中最耀眼的一个小岛，美丽、和平、浪漫的天堂。
"巴厘岛人都是生活的哲学家，工作时认真工作，用餐时喜悦地吃，睡觉时安详地睡，
与万物众神和平相处，心无旁骛地过每分每秒，生活自然逍遥。
他们追求的是一种新的居住精神：最大程度的舒适和自由，却又和现代生活相结合。
蓝蓝的天，白白的云，逶迤多姿的海滩，依山傍水的房子，这才是我梦寐以求的生活。"
比杭州更舒适自由，比江南更热烈艳丽，
王春华在杭州的家中选择了巴厘岛风情。

厚重巴厘风

王春华希望能将在巴厘岛度假时所体会到的放松感觉带回家中，在家可以席地而坐，完全放松，周围是花香、柚木、绿色植物，还有柔美的纱幔，悠闲自在、崇尚自然的东南亚风情，就像回到世外桃源。而杭州地区与热带雨林气候接近，将自己的家设计成东南亚风情，完全没有问题。

客厅中，质朴的、阳光般的墙面色彩散发浓烈的自然气息。家具的实木框架结构颇具厚重感，棕色的沙发更让人联想起巴厘岛繁盛的热带树木。而在硬装上，如门板、木饰面、地板等更多地采用了柚木色，再搭配上带有热带雨林气息的大摆绿色植物，体现了巴厘岛清凉、自然的感觉。

旖旎南洋情

除了自然朴拙之外，王春华还想房间中有华丽和热情的感觉。在木色的基础上，设计师采用一些闪亮颜色的软装来提升整个空间的色彩，让房间不会显得过于暗沉。客厅沙发上和卧室飘窗上摆放丝绸面料的亮丽靠枕，带来南洋的旖旎色彩，海岛风情十足。除此之外还摆放了东南亚女性经常用到的一些小物品，如香薰烛台等，让房间更添女性的浪漫。而床上和书房则采用相对富贵感的金银色彩，有着南洋代表性的菠萝花纹样，给人带来品质和华丽的感觉。

走廊风景线

房间的公共空间被充分利用，做成衣帽间、壁橱，这样就让走廊变得比较狭窄。为了不影响通行时的心情，设计师在走廊处精心设计，现代感与南洋风充分结合，在材质搭配上尝试多种新型材料的混搭，如木格移门与钢窗、竹篾与玻璃等的对照设计，让走廊充满情趣。而别致的柜底灯槽设计也为这些狭小的空间在夜晚增添了不少亮点。

Project Information
项目信息

装修风格：
个性化中式
装修关键词：
手工水泥地面、油漆做旧柜门
装饰关键词：
明式家具、西洋古董、艺术作品

你能想象用毛笔和宣纸细细描绘
出来的性感芭比娃娃吗？
面对这个作品，不少人会猜是一个时尚的 80
后女画家，直到看见 60 后画家韩峰笑眯眯地站在
面前，才惊得"哇"一声。这个男人在装嫩？
细看画面，用宋徽宗独创的瘦金体书写的"中国制造"
四个大字如此遒劲，用工笔线描古法绘就的画面，
有着与众不同的韵味，不是一朝一夕可以练就！
就像韩峰的家，不拘一格的混搭风，
骨子里练得却是中式"内功"。

"学校里学的是传统中国画，自己创作就极力避免传统。"同样，韩峰对家的想象跟传统中式区别很大，青砖铺地，深褐色家具，这类老气沉沉感一定不能有。韩峰大量使用白色让空间显得干净、透亮。白色的包容度是最大的，各种白色包涵着机理、厚薄、浓淡和光线的变化，搭配起来会非常出彩。墙面、壁橱、地面、天花板，所有大块的面，基本都处理成白色，中国画不是有"计白当黑"一论么？白就是空，空间犹如画面，每一处白色都有细节，墙面用最简单的标准白；壁橱是中式藤编面子，刷白漆将表面做旧；水泥地面按比例调出偏灰的米白色，手工一次完成，不能修改、打磨；主人沙发是纯白色的高级麻布，清新高雅；窗帘则故意采用织法稀疏的毛白色棉麻面料，光线似有若无地透过，含蓄又怀旧。

西为用中为体

自从韩峰这个新家装修完毕，艺术圈的朋友便络绎不绝地来"喝个茶"，坐在圈椅上，感觉那椅子与你的身体对话，喝杯韩峰亲自泡的"猴魁"，看着满屋明式家具灵动优美的深色线条，悠悠中式情怀挡不住地涌上心头。朋友们对屋子赞不绝口，说中式内蕴与西方形式获得了对接，这才是一种高级生活方式的表达。韩峰亲自为屋子做软装搭配，挥洒艺术家的天赋，把玩各种对立元素：客厅里的阿富汗地毯与石头加原始木材做的"低案"、卧室里的欧式古董金属吊灯与文人清玩之物"灵璧石"、阳台上的铁艺田园味坐凳与简约风格的绿色直线铁盒……现代气息与中式古典之间的碰撞，令人印象深刻。

Q: 如何打造具有艺术气息的家居氛围?

1. 秀出无敌视野。

如果你家屋子面对风景,而前方没有任何遮
挡,千万不要浪费,不如索性连窗帘都省去,
成就一间真正"看得到风景的房间"。

2. 秀出你的收藏。

把家里祖祖辈辈的宝贝都拿出来吧,还有你
从世界各地搬回家的战利品,它们都可以为
你的家居品味加分不少。

3. 秀出艺术作品。

收藏艺术作品已经受到越来越多人的肯定,
如果你愿意,你的家就能变得像美术馆一样
美丽,墙上的作品没准还能升值,若干年后,
它的身价会让你大吃一惊。

7. 香草薄荷——教你如何打造欧范儿

Project Information
项目信息

建筑面积：
89 平方米

房屋类型：
三室两厅

设计公司：
loongfoong art

居住人群：
非常年轻的白领

装修风格：
简欧风格

主要色调：
香草绿，薄荷绿，米色

夏天暖暖的风
带来薄荷香气
绿色慢慢明亮起来
维纳斯女神安排的
动人旋律在歌唱
Susan 对装修的要求很感性，
想要家散发香草薄荷的清香，
想要欧式风格有清新的雅韵，
想在香气氤氲、阳光明媚的午后，
在客厅里和朋友喝一杯下午茶。
和设计师探讨后，
就有了现在的欧式
清新模样的家。

客厅整个墙面，都以香草薄荷为主题，选择了灰绿色的草叶花纹墙纸。为了突出欧式的精致感觉，还用木线条在墙纸上勾勒出漂亮的节奏，达到如同护墙板一般的效果。

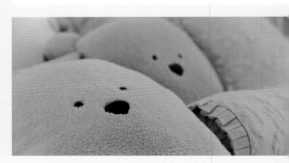

对应墙面雅致的色彩，三人沙发的装饰靠垫选择了同一色系相似的色彩，加以富于装饰性的图案，更添精致气息。吊灯的造型强调设计性，区别于传统繁复的复古水晶吊灯，符合现代审美，又不失典雅浪漫。

家具色彩以白色为主基调，结合布艺、皮革、不锈钢、黑色钢烤漆等不同材质，丰富视觉及触觉体验。

低调摩登 暗地奢华

客厅局部采用的木纹拼花工艺，搭配不锈钢支架体现精致感觉，软包拉扣提升了舒适度及奢华感。

客厅电视机柜采用白色皮革硬包，泡钉走线装饰，呈现浓郁复古摩登风格。单人沙发造型独特，同样采用软包拉扣，与餐椅形成呼应。浅银灰色椭圆形茶几的优雅曲线在摩登中散发出优雅气质。

主卧室色调温馨雅致，给人以愉悦放松的感受。双人床的软包设计强调舒适性，床头柜沿用了白色与深咖色的撞色设计，配合不锈钢"X"形支架。古典装饰书和复古皮箱的点缀增加了摩登感。

奢华路线小饰品

流光溢彩的材质往往会带来奢华的质感。可通过灯具、镜子、银饰、琉璃等家居饰品来营造小奢华的氛围。在这套案例中，配合室内整体的清新色调，餐桌选用白色餐盘和透明水晶玻璃，餐具镀金的装饰边在局部适当稍作点缀，让清新不失高贵奢华。

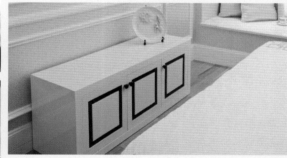

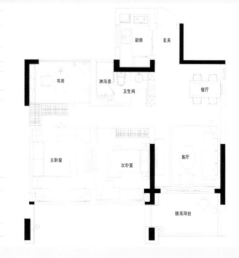

让墙纸更欧范

在贴上墙纸后，再用木线条或石膏线在墙纸上做出方格，格子大小可根据需要以及墙面大小来设计。记得电视背景墙后的方格要相对稍宽，并在墙面正中间，以留出电视机位。如果选择的是木线条，需先用木器漆刷上想要的颜色，等干透后再钉上墙，以免弄脏墙纸。

皮革软包墙的做法

皮革和人造革饰面的铺钉方法，主要有成卷铺装和分块固定两种形式。

成卷铺装法 由于人造革材料可成卷供应，当较大面积施工时，可进行成卷铺装。但需注意，人造革卷材的幅面宽度应大于横向木筋中距 50～80 mm，并保证基面五夹板的接缝置于墙筋上。

分块固定 先将皮革或人造革与夹板按设计要求划块进行预裁，然后一并固定于木筋上。安装时，以五夹板压住皮革或人造革面层，压边20～30mm，用圆钉钉于木筋上，然后在皮革或人造革与木夹板之间填入衬垫材料进而包覆固定。这种做法，多用于酒吧台、服务台等部位的装饰。

Project Information
项目信息

设计公司：
loongfoong art

建筑面积：
126 平方米

房屋类型：
三室两厅

业主：
60 年代末 都市中产

装修关键词：
酒柜 + 吧台

装修风格：
新古典

主要色调：
酒红色

左先生说，品味红酒，
不仅是味觉的享受，
感受封藏多年芬芳的迸发，
更是对一种人生境界的领悟。
家，也像窖藏的酒一样，
温度合适，
风格合适，
就能将人生越藏越丰厚。

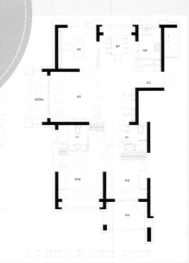

微熏新古典

左先生有着丰厚的人生经历，如美酒般值得回味。设计师采用了最接近左先生气质的新古典主义设计风格，既传承了古典主义的庄重大气又摒弃了繁复与浮华，沉淀出与左先生的审美标准相契合的调性。典雅稳重的色彩主基调，空间布局灵动，组合有机，并融汇了细腻优雅的独特气质。不同材质的组合以及灯光晕染更诠释了整体空间层次。

左先生钟爱红酒，家中也以如红酒般的樱桃木色为主基调。樱桃木色家具饰面配以浅色皮革、皮革拉扣、泡钉锁边的家具制作工艺和金色系列的主题装饰品共同提升了空间的奢华程度。

在面料运用上，设计师大胆运用了带有 Ralph Lauren 风格的蓝绿色丝绒软包，亦带来浓郁西方风情。

跟左先生选酒柜

左先生家最大的亮点，就是进门处的酒柜。左先生告诉我们，酒柜大体分为装饰性和功能性两种。如果是红酒，最好用功能性酒柜，恒湿恒温可以让红酒保持最好的品质；如果存放洋酒和白酒，多半用装饰性酒柜。专业性酒柜虽然较为独立，但也可以像左先生这样嵌入到装饰柜体中，与整体家居风格搭配。

多功能带来窖藏品质

在左先生看来，葡萄酒是有生命的艺术品。因此如何妥当珍藏美酒，使其历久弥香，更是他潜心追寻的艺术。专业级私家酒柜无论从温度、湿度乃至光线等都能完美模拟庄园酒窖的专业储存环境，更专业地封存名贵美酒。左先生购置的两个专业酒柜可电脑精准控温，在6℃～18℃区间内调节，并柔和释放冷气，均衡箱体各处温度，满足绝大多数美酒的不同需求。而先进的湿度平衡装置，能确保软木塞弹性和最佳密封效果。

由于剧烈的光照会使葡萄酒的芳香、口味、结构发生剧烈的变化，破坏酒体细致优雅的风味，因此酒柜应放置在不受阳光直射的地方，并配备防紫外线玻璃和黑色吸光内胆，完美还原真实酒窖光照环境。

不同搭配有讲究

品不同的酒需要不同的酒器，所以随着酒的数量增加，左先生酒杯的数量也直线增长。现在比较流行的造型是将餐边柜和酒柜合二为一，或是将区域间隔柜与酒柜做在一起，这样一物两用，可放置多种酒器，实用方便。左先生在两个酒柜中间设置了酒器架，用来摆放不同的红酒杯和醒酒器。

酒柜要与吧台呼应

装饰性酒柜的材质需要仔细了解，基本标准是所用的玻璃在碎裂时不会对人造成伤害，柜里最好装有灯和玻璃。此外，框架分为实木、高纤维板、不锈钢等，实木线条简约的酒柜适合简约的装修风格，而有着繁复雕花工艺的实木酒柜，则适合欧式装修风格，高纤维板或不锈钢的酒柜，适合比较前卫的装修风格。

很多家庭会在酒柜旁边再做一个小吧台，在选购酒柜时，就要连配套的吧台和高脚椅也一起考虑到，因为后期单独配对会比较困难。而吧台的细节也要值得赏鉴。精致的镀金把手等细节设计，能让品酒的过程更加完美。

9. 千墙千面——墙的乐活表情

Project Information
项目信息

建筑面积：
85 平方米

房屋类型：
三室两厅

设计公司：
loongfoong art

装修关键词：
乐活、环保

装饰关键词：
墙纸、马赛克电视背景墙

设计亮点：
墙面

主要色调：
白色，米色，红色

美国留学归来的 Mark
是标准的乐活 LOHAS 族。留学时
主修的是城市可持续发展，回国后关心
生病的地球，也担心自己生病，吃健康的食品
与有机蔬菜，穿天然材质棉麻衣物，用二手家用品，
骑自行车或步行，练瑜伽，听心灵音乐，
注重个人成长，当然也关注家居的环保。
Mark 说，乐活是一种爱健康、护地球的
可持续性生活方式。"它是一种贴近生活本源，
自然、健康、精致的生活态度。"
这样的人，
自然会拥有一个自然
而乐活的家。

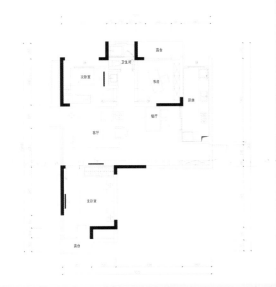

自然乐活风

客厅和餐厅中，原木色调的运用让餐厅显得更有亲和力，朴素主义的回归引领家具自然原木色调风潮，干净简约的设计透露原木的质朴，满足人们亲近自然的期许。

狭长的客餐厅整体空间，让客厅的红色特色休闲椅和落地灯成为整体空间的色彩集中点，丰富空间的色彩，客厅的灰色三人沙发可以将客厅活跃的红色色调进行中和搭配，亮金色镀铜工艺的边几和呢料红色休闲椅的组合搭配形成了材质上的对比。

客厅的白色马赛克电视背景墙上用线条来打造现代简约的个性空间。

书房的书桌摆设打破以往大空间中规中矩的摆设方式，而是采用书桌与书柜摆设成 45 度角的方式放置，以弱化书房空间的面积狭小问题。鲜艳色彩的饰品在整体实木空间中尽显色彩与造型语言的张力。

卧室的空间在简洁的整体氛围中带有一丝精致，双人床选用棉麻拉扣和皮革滚边的方式来提升品质感，饰品及床品运用遥相呼应的珊瑚主题，整体由温暖质感面料及简洁造型家具营造出静谧自然的氛围。

Tips:
教你如何选壁纸
环保壁纸挑选诀窍

在这套装修案例中，用到了多种墙纸。那么如何挑选到质量好又环保的壁纸呢？Mark 告诉我们，环保是他选择壁纸的首要条件。壁纸分为多种材料，在家庭装修中，尽量不要选用PVC 合成壁纸，因为相对于天然材质的纯纸壁纸、木浆壁纸、木纤维壁纸、天然织物壁纸等，PVC 合成壁纸的环保性能要差一些，尤其是那些闻起来有塑料味的壁纸。并且，PVC 合成壁纸的透气性能较差，贴上墙后极易翘边和发黄。建议在选购墙纸时可采取"看、摸、擦、闻"四步法。

看： 先看墙纸是否存在色差、死折、气泡，图案是否精致而且有层次感，色调过渡是否自然，对花准不准。好的壁纸应看上去自然、舒适且立体感强。

摸： 用手触摸壁纸，感觉其图层致密程度以及左右厚薄是否一致。

擦： 用微湿的布稍用力擦纸面，如出现脱色或脱层则质量不好。

闻： 闻一下墙纸是否有异味，如气味较重则甲醛、氯乙烯单体等挥发性物质含量可能较高。

壁纸花色如何选

如果同本案一样，你需要在多个房间中铺设不同的墙纸，那么就特别要注意整体色彩与质感要与居室整体风格相符。可能你会很喜欢某款壁纸的图案、颜色，但当它大面积铺开后，效果不一定会很好，或又和房间、家具的整体风格不一致。所以壁纸的选择要从整体入手，先确定自己喜欢的风格，然后再从壁纸的颜色、图案、特性出发，在色系、质感上做到既有承接，又有变化。

10. 新古典里玩摩登——嵌入厨房拒绝凌乱

Project Information
项目信息

建筑面积：
85 平方米

房屋类型：
三室两厅

设计公司：
loongfoong art

装修关键词：
吊顶灯槽

设计亮点：
嵌入式厨房，壁纸

主体色调：
金属色

装修风格：
淡雅的奢华感

属猴的人好似总不会按部就班地照常理出牌，偶尔要来点新意。当初起名时，父亲用了"山色空濛雨亦奇"中的两个字，注定了小空空追求新奇的性格。藏青色的银行制服配鱼嘴罗马亮钉凉鞋，食指上戴着俏皮的藏风银戒，再配上一个波西米亚风格的木镯，第一次见郑空，设计师就从她的着装风格猜到她对家的想法也会有小小调皮的创新。

空空喜欢新古典的风格细节，却不喜欢新古典的沉闷调调。于是设计师在色彩上加入了闪色的摩登和波普的俏皮。

装饰精致、细节生动的新古典家具很耐看，设计师选择以金属感色彩为家具的主基调，赋予古典造型的家具更多时尚魅力，客厅的皮革拉扣沙发，茶几的新古典造型运用不锈钢的现代材质、单人沙发的泡钉镶边工艺、现代镜面处理的电视柜和古典工艺的矮凳都是时尚和新古典两大元素的完美结合，在设计师的搭配下混搭风格完美不突兀。而客厅的背景墙，则更大胆地使用金属色喷绘的波普风格人像，为客厅带来时尚气息。

餐厅的古典造型餐桌餐椅看似按部就班，却有一把别出心裁地与另外三把不同款，以丰富餐厅空间。

主卧空间搭配上考虑到生活感，主要是在稳重的基调中提升奢华度，现代造型的床选用的是古典风格的暗纹布艺，床上选用的是欧式古典风格的丝光缎床品。

而客卧却是现代的风格，树型的衣架和现代的吊灯让房间变得与众不同。

户外阳台巧利用

很多人对户外阳台又爱又恨，爱的是能呼吸到新鲜空气，夏日的夜晚能抬头看星星。可惜在环境日益污染的大都市，酸雨、没星星的日子日夜相伴，户外阳台日久就成了垃圾场。好歹也是好几平方面积，好歹也是用自己的积蓄买的，属猴子的郑空自然按耐不住。

索性，放几把便宜好看的椅子，塑料的吧，不怕风吹日晒，旧了换把新的，多方便。在难得的好天气里，约上三五好友把酒言欢，也算低投资、高回报吧。

跟我学：
巧布灯槽

传统灯槽都安排在吊顶内的四周，这样打开灯槽内的灯时，顶面照度足够，但四壁却没有光线，必须再在吊顶靠近墙的四周安排射灯。

而在空空家的设计中，设计师将灯槽安排在贴墙位置，并用顶线遮盖。这样客厅的主题墙就在灯光下凸显出来。而靠落地窗位置的窗帘槽也与灯槽相连通，与客厅其余部分吊顶相融。

嵌入厨房拒绝凌乱

欧式典雅的厨房，怎能让现代的电器横行？从电磁炉到电烤箱，从冰箱到洗碗机，东一件西一件的厨房电器，让古典风格的厨房变得凌乱和不伦不类，更别提情调和浪漫了。而空空家的厨电都一一藏进了白色简欧的橱柜内，连冰箱也藏得无影无踪。让我们也跟她学学如何将这些电器统统嵌入橱柜之中，缔造一个整洁的空间，让厨房只剩浪漫和乐趣！

哪些电器适合嵌入？

○ 洗碗机、消毒柜

灶台下方的橱柜空间往往很难利用，而洗碗机及消毒柜体积庞大，如果单独摆放会占用很大的空间，而它们的高度、宽度都很容易与灶台下方的橱柜匹配，因此它是最常见的嵌入式电器之一。

嵌入指数：★★★★★

○ 燃气灶、电磁炉

与普通台式灶炉相比，嵌入式燃气灶、电磁炉不但美观、时尚，也更容易清洁。

嵌入指数：★★★★★

○ 微波炉、电烤箱

嵌入式微波炉和电烤箱平整美观，能使缭乱的厨房空间变得整齐，但对橱柜的配套要求稍高，要预先定制合适的位置，更要为烤箱后部留出充足的散热空间。

嵌入指数：★★★★

○ 电冰箱

冰箱是现代一体化厨房不可或缺的组成部分，但由于风格、色彩与古典式厨房不配套，往往被隐藏在橱柜中，以保持厨房风格的统一感。但由于散热问题，需要精心设计定制橱柜，并合理安排隐藏式插头位置。

嵌入指数：★★★

Project Information
项目信息

建筑面积：
85 平方米

房屋类型：
三室两厅 Loft

设计公司：
loongfoong art

装修关键词：
吊顶灯槽

设计亮点：
嵌入式厨房，壁纸

主体色调：
金属色

装修风格：
淡雅的奢华感

用隽隽妈妈的话说，
儿子简直是"顽劣成性"，
寒暑假独自在家耍宝，
要有大闹天宫的足够空间。
如何让隽隽在家也能跟在外面一样玩野？
之前的房子，任何东西都有可能被当玩耍的道具，
为此，爸爸妈妈总是要把很多时间
用在收拾房间和修补家具上。买下这个复式房的
初衷，就是想让孩子有爬上爬下的空间，
"让他把精力耗在楼梯上。"
而设计师则更胜一筹，把房间彻底改造
成了孩子的游戏场。

方法1：动漫主题家

8岁的隽隽是个不折不扣的动漫迷。于是，设计师给这个房子定下了动漫的主题。客厅沙发上的动漫抱枕和书架上的动漫玩具相呼应，很好地诠释出设计主题。天天和自己喜欢的动漫人物在一起，怎能不让孩子乐不思蜀呢？

方法2：用来玩的家具

好动是孩子的天性，与其四处限制他们的行动，不如顺应个性轻松。隽隽喜欢骑马出征，四处转战，那就在客厅放上一个小马椅，让孩子在客厅疯玩时不会打搅到在沙发上的你。

方法3：森林故事房间

孩子们对于角色扮演这种老套的游戏总是乐此不疲，好像每个人身上都充满了表演细胞。千万不要让沉闷的房间布置扼杀了孩子们的表演天赋，看看设计师给隽隽量身设计的丛林儿童房。入口小树造型的衣帽架，既实用又有装饰感，点缀了房间。树型的书架旁，几个带有色彩的格子给房间带来亮色，是隽隽的藏宝处。床边腾出最大空间，让小火车开进森林，解救床上心爱的毛绒熊吧。

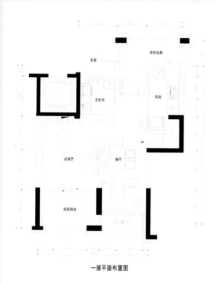

一层平面布置图

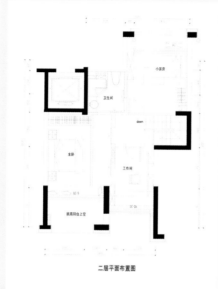

二层平面布置图

方法 4："漫"板墙壁，立体创意

无论是随意涂抹的幼儿时期，还是自我意识日盛的学龄期，孩子们都偏爱在墙上一展身手，渐渐地，他们的目的性和审美都有所提高，不再是无目的的涂鸦，而是将个人的喜好充分表现在墙面的装饰上。于是，隽隽妈给隽隽留了一面汇聚梦想的墙面，各种动漫风格小相框聚少成多，在孩子缤纷的成长记忆里，不再让苍白的墙面留下遗憾。

方法 5：一起学习吧

隽隽进入学龄期，和爸爸共用书房能有助于他培养良好的学习习惯。超长的桌面让小手工都有了摆放装配地。

而餐厅的高低桌则符合孩子的生理特点，大型的船模就在这里组装起航。

方法 6：留一点卧室给宝贝

隽隽正是爱撒娇的年纪，他会赖在父母的房间让妈妈哄他入睡，有时候周末跟父母睡或者睡前在父母卧室玩耍，所以卧室的布置也要有童趣色彩，这样会让孩子更有亲近感。

隽隽父母简洁大气的卧室里为了配合孩子喜好，搭配了部分红色的家具。这样在父母房里，也有了孩子喜欢的色彩，让孩子在爸爸妈妈的房间没有了成人空间的距离感。

（白色床品）棉质的柔和与（红色可移动边桌）金属的硬朗结合在一起，各有特色又相互衬托。在床上玩游戏时，移动边桌能发挥很大的功能。大面积落地窗边上极具现代感的红色休闲椅，提亮了整个房间，也与边桌相呼应。而床上的咖色抱枕丰富了房间的颜色，也让红与白之间对撞有了缓冲，更加融洽。

12. 海边的金色梦想——"阳光度假屋"

Project Information
项目信息

建筑面积：
85 平方米 (顶层带阁楼)

房屋类型：
三室两厅

设计公司：
loongfoong art

装修关键词：
吊顶灯槽

设计亮点：
嵌入式厨房，壁纸

主体色调：
金属色

装修风格：
淡雅的奢华感

范先生夫妻俩蜜月时选择了希腊游，
当他们有了第二套住所的时候，
第一个想法就是再现希腊的浪漫旅程。
于是，在杭州市中心的公寓里用心打造了
属于他们自己的海滨度假生活。

DAY1：金色沙滩，蓝色海浪

"那日住在海边的别墅，享受海风吹拂。蓝色海岸的基调、香樟木的味道、金色的沙滩沐浴在阳光中……两人就这样倚靠着在沙滩上漫步……"

客厅，用金色的墙面再现阳光沙滩的金黄，蓝色的沙发带来海的蔚蓝。而吊顶上的浪花造型则更增添了海洋的气息。

DAY2：浪漫湖景

希腊的西部多湿地和湖景，湖景小酒店的顶层观景区内，斜斜屋顶下支起了望远镜，两人轮流远眺湖面，静静地坐了很久。

卧室放在赠送的阁楼中，以欧洲湖景风光的油画铺满床头后，让整个顶层变成了看得见风景的房间。

DAY3: 欧洲乡村小镇游

圣托里尼岛的韦德玛度假村里，低彩度、线条简单、修边浑圆的木制家具，用蓝、红、灰、黑的门窗颜色来区分不同的客房类型，两人就这样一间间的参观，在心中勾勒着今后家的模样。而度假村的丰盛早餐也给他们留下了很好的印象。

厨房再现度假村里的丰富色彩，不同颜色的家具和谐相处，带来地中海的丰富感觉。古朴的吊顶和金色的顶面让餐厅沐浴在阳光之中。

买过房子的人都知道，顶层一般比较便宜，尤其是这种复式户型，开发商通常会半买半送，送个斜顶的角落。聪明的范先生索性把斜坡敲打出了两个不大的窗户，省去了电灯照明，南方的紫外线不是那么强烈，即使在阴天，天光色同样可以把屋子照亮。

因此，阳光最好的斜顶区域，留给了书房。窗外虽只是小区绿化，但也因卧室的那一幅壮丽背景而变得与众不同。

这可是看书的好地方。简洁的白色家具和着深咖啡色地板，阴天，放着怀旧的英文歌，在这里呷上一小杯咖啡，捧一本英伦童话，美美度过一下午。

Tips:

因为光照的原因，墙壁很容易受到阳光等影响老化爆裂。因此建议用方便快捷的墙纸，即使变形了也方便更换，且成本很低。

被动房：近年来流行于欧洲的房屋形态，自然、环保而节能。天窗是被动房常用手法之一，但要注意开窗的朝向和房屋承重，真正做到冬暖夏凉。另外还要注意防水处理。

DAY5: 阳光厨房的假日早餐

从圣托里尼岛回来之后，阳光早餐的美好感受常常被两人一遍遍谈起。而现在充满阳光的厨房选择杉木吊顶，吧台的设计则实现了全家的早餐梦想。每到周末，范先生一家的阳光早餐都会在这里准时开始。咖啡机已做好准备，随时调配出美味的卡布奇诺或拿铁来满足大家挑剔的口味。烤箱里正烤制着小蛋糕，吧台的多士炉叮的一声弹出烤好的面包片，新鲜的牛奶还保存在冰箱的真空保鲜室里，作为大厨的范太太和所有人一样充满了期待……

Tips:
范太太的早餐电器

想要真正享用早餐，比起橱柜，功能强大的厨电才是主角，它们的品质直接影响着早餐的速度与心情。在它们的帮助下，范太太轻松地创造着美味。它们有着超乎我们想象的能量，让范先生一家的营养早餐更有条不紊！

咖啡机：早餐的咖啡当然不能是速溶的，一杯浓郁的拿铁或卡布其诺才是首选。所以一台嵌入式的、能打奶泡、能做花式咖啡的咖啡机成为生活品质提升的最佳符号。

烤箱蒸箱：专业的烤箱被安排在炉灶下。除了用炉灶煎炒烹炸，范太太更喜欢烤制小点心、小蛋糕，还可以更专业地蒸出各色面点和美食。

多士炉：被安排在吧台上。如果没有烤蛋糕的时间，花几分钟烘烤面包片还是会给假日的早晨加分不少。

洗碗机：也许不算必需品，但是对于不同的厨具、餐具，不同的油污程度，它都的确有着非常专业的解决方案，节约了范太太不少收拾清洁的时间。

还年轻,需要的不是饱满、
沉淀的居家空间,
而是回归单纯自然的本性。
Judy 不喜欢大张旗鼓的装修痕迹,
少一些雕琢,多一些自然,
"房子给人住,不是给人看。
既然叫作空间,
就应该还原'空'间。"

Project Information
项目信息

建筑面积:
123 平米
设计师:
黄译
装修风格:
现代简约
房屋类型:
三室二厅
客户群体:
都市白领
格调:
清新
主体色调:
纯白至各色浅灰
主要材料:
白橡木、哑白色手扫漆、烤漆玻璃、马赛克、银镜
所获奖项:
中国室内设计金堂奖年度(最具生活价值)优秀奖
第八届德意杯中国室内设计明星大赛铜奖

Judy 喜静，爱在家看书。于是，她最常呆的书房和客厅成了设计重点。在大自然中吸收创意，取木为空间元素，以静为风格态度，化繁为简，营造出安静的阅读氛围。客厅墙上，横生的原生态木枝浸透晨光暮影，浅入淡出，给家带来自然的意味。将室外自然之物吸收于室内绝非单纯的装饰，亦可作为置物架，摆放最常阅读的书籍。

轻装修

与设计师一番商量之后，Judy 将家的装修格调定为"纯色、自然、轻装修"。所谓"轻装修"，就是最大程度地减少与生活功能无关的装修作业。过度华丽的装饰及不断重复的拼贴对生活空间而言是一种包袱、是一种压力；一个出发于简约的设计，抛弃繁复的装饰，留下合理改造后的空间素型。

Judy 希望保留其室内空间既有的敞朗大气，设计师采用隐喻的空间分隔手法，且大胆留白，取得最顺畅的动线以及视觉的宽敞感。减少装饰又保证空间美学，逃脱既定或豪奢的框架，强调机能的共享和延伸，以低碳的生活方式还原空间的纯净感。

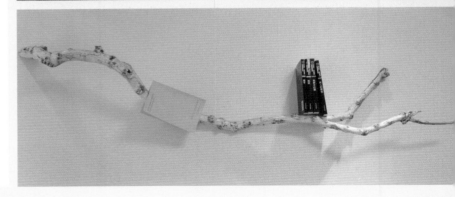

以延伸为手法，沙发旁简洁的吧台巧妙切割平立面空间，又与家私融为一体，为主人争取了互动功能的趣味空间。

没有装饰吊顶的空间，结合定制的白色吸顶灯，统一的色彩搭配通透的空间，让素色毫不呆板。

相邻的餐厅与客厅观感一致，餐桌与吊灯一律黑色，上下空间以直线条呼应，墙体全白素面，取木相融。

清浅书香

看书上网都是快乐的事，Judy 的书房也拒绝被学识压垮的沉重感。书房内的隔板与墙体相连，抛弃无用的装饰构架，书柜整体如与生俱来一般，将建筑语言在室内充分表达。双人位大书桌切合书柜整体设计，减少了累赘，功能却丝毫不打折。日本盆、川石田，涟涟的木色也将书房点缀得富于自然气息。

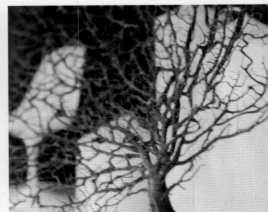

Project Information
项目信息

设计公司：
设计年代

建筑面积：
109 平方米

装修风格：
简洁欧式的小奢华

居住人群：
外籍人士 + 中国人的跨国家庭

装修关键词：
名画墙纸、镜面背景墙、镜面吊顶、玻璃卫浴间

设计亮点：
玻璃和镜面的运用

灯光主色调：
黄色衬托出的华丽金色效果

主要色调：
玫瑰金效果（白、黄色 + 玫红或橙色）

匹配植物：
玫瑰红色蝴蝶兰 + 对比绿叶植物

或许是闪闪玫瑰金色调
和妖艳玫瑰红的点缀，
让人一看就是个大美女的家。
肖茗不戴首饰，不背名包，却以有品味的搭配
在朋友圈里博得千面佳人的美名。
"穿衣重在色彩和面料的搭配，
家也并不一定要靠名贵的家具来衬托，
即使家徒四壁，一样能精彩妖娆。"
肖茗把穿衣经用到装修上，随心描画的墙面，
如服装设计师的妙手搭配，
家中的四壁焕发出"千面
佳人"的美丽与妖娆。

如何做到中西合璧

跨国家庭人群复杂,众口难调。乖巧的肖茗眼中,西方世界应该像维也纳金色大厅那样,金碧辉煌。树枝形水晶吊灯、绒布软包自然少不了。而另一半的眼中,中国少不了供奉佛头,植物当选竹、兰、梅,当读风雅颂。不要以为两者互不协调,浓墨重彩下,也许有意外的组合效果。

墙上名画

墙上挂画到处可见，肖茗却别出心裁地将画与墙巧妙地结合为一体。客厅沙发后，用花纹墙纸贴在墙面正中，用木线条勾勒出"画框"。而餐桌边则直接用布面油画作为墙面，也依样用木线条勾勒出"画框"。一中一西、一平面一立体，打造出两面名画墙。

别致端景

除了背景墙之外，从玄关照壁到走廊端景，都设计得别具匠心，让人眼前一亮。进门的玄关处，用中式花板和翻绵罩两相衬托，带出浓浓中式情调。而长长的走廊，也设计了多处看点。廊壁利用墙壁深度，做出佛龛造型，并结合灯光供上两尊泰国寺院请来的佛像，让长廊增添宁静神秘的宗教气氛。而走廊尽头，则用紫红色的墙漆和金色的圆镜打造出华丽的气氛。

浪漫玻璃浴房

肖茗喜欢在家玩点小浪漫，将主卫大胆地做成时尚的透明卫浴间。将以往私密的沐浴区做成半开放式，大块落地玻璃的运用将沐浴区与盥洗区融为一体，让卫浴间透明到底。再配上珠帘，充满着浪漫和诱惑的感觉，特别适合新婚的家庭。

装修放大看：
打造浪漫的玻璃浴室

1 什么样的卧室适合玻璃卫浴间？

主卧的卫生间没有采光窗户，或是主卧的空间看起来并不大，都可以将主卫的门墙打掉，装上大面积的玻璃，营造出通体透明的卫浴空间，并形成了大空间的效果。这种设计灵感来源于玻璃独有的通透、占地少的特点，玻璃的运用正好能够解决原卫生间面积狭小、光线暗淡的问题，而透明的卫生间既宽敞又明亮。

2 隔断玻璃如何选？

玻璃隔断的选材要取决于面积的大小和区域功能。在面积较小的卫生间，人体活动对玻璃造成的冲击力不可能很大，用钢化玻璃做隔断即可；而对于较大空间的卫浴间的玻璃隔断和隔墙则需选用承载量最大的夹层玻璃，它不易变形、比较结实、防水性能也比较好，抗冲击力与隔音效果都比钢化玻璃更胜一筹，适合大平面的使用。而如果在部分位置要做成弧形效果，则可以选择塑形能力强的热熔玻璃。

3 浴室防水性

玻璃的防水性能也要特别考虑，在缝隙和与墙面的结合处要做防水处理，可以涂上一层清漆。如果仍旧觉得不够放心，也可以先砌起矮墙，再将玻璃放在上面。

15. 宅男静生活——木色里的光影迷藏

Project Information
项目信息

建筑面积：
127 平方米
设计公司：
松下盛一装饰（上海）有限公司
房屋类型：
三室两厅
客户群体：
SOHO 一族
装修风格：
日式现代简约
格调：
沉静、安详
主材质：
原木、木纹贴皮
设计亮点：
地台隔断功能区域

跟王丰处久了，
一定能闻到他身上淡淡的薄荷味道。
喝着薄荷绿茶，用着提神用的薄荷鼻嗅，
这是属于这个带一点点羞涩的男人的"宅味"。
日日在家办公，喜欢安静的居所，
无奈窗外却是车水马龙的繁华街道。
想要独处的环境，却必须一大家子住在一起，
在如此环境中要想定下心来，
还真不是易事。

独立静空间

设计师将风格定为偏日式的现代简约，理由很简单，体现"静"字。通过对功能及区域的独立划分，让食、居、休闲三大功能自然地呈现又互不干扰，让空间充满着独特又别致的日式简约风情。

通过改造后的厨房、餐厅，成为了玄关背后别具风情的独立空间，有着欧式气派的厨房与餐厅，让家人间的互动显得更为流畅和谐。而改造原本的小客房空间，做成现在的独立衣帽间，让收纳变得轻松而愉悦。

静简格局的起居空间，有着日式般婉约的独特风情。原本开阔的北面阳台，在满足了水处理设备安放及工作区域充分的使用空间后，考虑到日常休闲的需要，榻榻米区域的设立使得客厅又充满了纯日式的独特魅力。

轻启卧室房门，拥有主卫的主卧套房及独立书房就此展现。透明主卫为南北直通的主卧与书房形成了自然的分立，生活的便利与舒适便随着这种轻松的空间韵律翩然灵动。

木色光影

设计师选择那有漂亮木纹的贴皮装饰家具，质朴的比例加上自然的木纹，让心情抵达自然的境地。

又将屋内所有的落地窗都装上了深色的木百叶。不同于窗帘柔软的质地，百叶窗叶片整体排列的横向线条表现出简约的气度与静美的日式风格。它能自由地调节光线的方向和明暗，让房间呈现出王丰想要的安静调性又不至于太暗，更为现代简洁的空间带来悦目的变化。白天百叶窗完全开启时，窗外景色也可一览无余。夜晚百叶窗完全封闭时就如多了一扇窗，具有隔音效果，既保护隐私又营造安静的宅居氛围，将车水马龙都挡在窗外。

木百叶窗如何选:

1. 观察颜色

叶片、所有的配件（包括线架、调节棒、拉线、调节棒上的小配件等）都要保持颜色一致。

2. 检查光洁度

用手感觉叶片与线架的光滑度，质量好的产品光滑平整，无刺手扎手之感。

3. 打开窗帘，测试叶片的开合功能

转动调节棒打开叶片，各叶片间应保持良好的水平度，即各叶片间的间隔距离匀称，各叶片保持平直，无上下弯曲之感。当叶片闭合时，各叶片间应相互吻合，无漏光的空隙。

4. 检查抗变形度

叶片打开后，可用手用力下压叶片，使受力叶片下弯，然后迅速松手，如各叶片立即恢复水平状态，无弯曲现象出现，则表明质量合格。

5. 测试自动锁紧功能

当叶片全部闭合时，拉动拉线，即可卷起叶片。此时向右扯拉线，叶片应自动锁紧，保持相应的卷起状态，既不继续上卷，也不松脱下滑。否则的话，该锁紧功能就有问题。

16. 格栅里的节奏——巧用搁架，激活墙面

Project Information
项目信息

装修风格：
混搭后现代
建筑面积：
79 平方米（不含地下室赠送面积）
房屋类型：
三室两厅
客户群体：
都市白领
设计师：
统帅装饰奉贤设计中心首席设计师 王伟
格调：
简约、沉稳、大气
设计亮点：
低成本灵活分割——搁架

殷帅绝对是那种品位型硬派小生，
从小的正规音乐教育并没有丝毫束缚他
旺盛的生命力，弹起琴来充满激情，
说起话来抑扬顿挫，做事干脆利落。
"什么音符背景墙、音乐主题，都被我一一否决。
真正与音乐息息相通的，应该是房间的节奏感。"
房间如黑白琴键的间隔，
如节拍器的摇摆，
设计师让房间奏出了自己的乐章。

黑白琴键

错层的大厅，如同琴键的起伏。将下层延用钢琴的颜色做成黑色调，上层餐厅空间为白色调，整个客厅和餐厅空间以白、黑和咖啡金为主色，使用线条简约的时尚家具，墙上悬挂几幅现代装饰画、装饰品，营造出简单温馨而又时尚稳重的简约风格。置身其中，可以感受到迎面而来的酷感与惬意。

格栅节奏

赠送的地下室被殷帅安排作为视听室。除了观影区之外，还安排了酒吧区域。既可调一杯鸡尾酒，也可享受视听盛宴，还可选择喜欢的书籍品读一番，令居家生活乐在其中。

楼梯边，用钢管串起木板，通过不同的间隔制造出意味深长的节奏感，通透的木搁架既有实用功能，又具有穿透性，不会遮挡到上下楼的光线。与边上黑白琴键般的书架共同谱成一首美妙的乐章。

主卧，纯净的咖啡金的流线型窗帘与木节地板也如音符般流淌在整个房间中。白色墙面、皮艺软包床、质感奢华的咖啡色地毯，完美地搭配在一起，淡雅高贵的色泽使居室显得温馨而华丽。

跟我学：

巧用搁架，激活墙面功能

搁架是唯一可以与墙融为一体的收纳家具。让我们看看殷帅如何精心地挑选搁架的材质和造型，规划墙面的布置和风格；让空白的墙壁立时改观，令房间里的层次更加丰富。

A 金属搁架

特点：简洁、现代

这类搁架最好是布置在家具不多、比较简单的房间里，它的材质反光、轻薄，很有工业设计的简洁感。用在酒吧区域时，突出展示功能，最好是开放式，可以根据需要展示的酒杯、酒瓶高度设计搁架的距离，放置一些具有观赏效果的酒杯酒瓶，对整个墙面的装饰起到提亮作用。

B 木搁架

特点：承重性好

书房的搁架一般都用木板制作，最关键是承重能力一定要好；另外，最好是要有很多高低不等的隔断，来放不同大小的杂志和书。同时，格间的照明也是书房搁架需要考虑的问题之一，透亮的光线便于寻找想要的书籍。

C 玻璃搁架

特点：美观，承重性差

卧室是一个很私密的地方，这里的搁架可以很简单，只要拥有方便存放杂物、同时满足取用安全的功能就可以了。

17. 绿野仙踪——围炉夜话的客厅

Project Information
项目信息

设计：
1917

房型类型：
三室两厅

业主状况：
三人

房型情况：
客厅比例较特殊

设计亮点：
巧妙客厅布局，带来情意互通

"家，绝不仅仅指一所房子。
家，应该还有爱，因家生爱，
家是一生一世缘份的聚散地。"
张先生在海外多年，
回来后还没来得及买房装修，
就一连拜访了好几个发小的家。
"国内装修的客厅真的是客厅啊，
坐在那里对着电视墙，没有一点氛围。
只有吃饭时围坐一起，
才重新找回热乎的感觉。"

张先生买下这套拥有超大客厅的房间时，
对设计师的唯一要求就是：
"我不要客厅，
我要一个充满温馨感的家居厅。"
没有爱，再华丽的房子，也会有人逃离。
张先生想让厅成为全家团聚亲密互动的地方，
而不是对着美轮美奂的电视背景墙发呆。

再简单不过的卧室和卫生间由木色家具和白色墙壁组成，一切，只为突出重点：一家人团聚的美好地点——客厅。

休闲简约风

张先生为家居风格定下了简约的调性。"其实，简约只是一种设计的手法，但并不能称其为一种风格，优秀的设计师是可以利用简约这种手法去塑造若干不同风格气质的感觉。我在这里，希望简约能透露出生活化和质感，增加温馨感，不要太过冷硬。"设计师作了一个大胆的决定：客厅不按照传统的设计装修模式来完成。

我们在国内见到大多数的简约都是硬、冷，或者温馨，恰恰没有休闲温馨的简约。而在这里，设计师却用简约的手法做出了休闲温馨的气质。但凡休闲的气质需要有浓郁的家的氛围，而这种家的氛围的确需要饱满的元素来塑造，因此整体需要一个各种元素存在感都很强的做法来体现，单单说客厅中各种家具的配置，从沙发到单人椅，到黑白方凳再包括茶几边几以及台灯，没有一款同品牌同风格，通过各种家具的不同风格和色彩的对比以及碰撞塑造出客厅家具的强烈元素存在感，另外钢琴也是一个存在感强烈的元素，当然，我们不可能将所有的元素都强化存在感，否则这个厅的面积不够承载，因此设计师将壁炉设计成存在感弱化的形式，造型上不出挑，色调上尽量和墙壁对比弱一些。再看看壁炉背景侧面的层板以及壁炉对面的层板柜，虽然都是简约风格，但都是存在感很强的做法，并没有考虑与墙面如何融合或色彩上使用白色，而是采用了强烈对比的木色来完成。

围炉夜话的客厅

一个四米宽的客厅首先将沙发的组合打破常规，并非一面电视、一面沙发的做法，而变成了现在的"围炉夜话"的布局。主体背景墙设计成壁炉和钢琴的组合，沙发和壁炉临近，正对着女儿常用的钢琴。而在钢琴边侧面的非重点墙面保留了电视。

在这个空间中，电视不再是重点，由家具组成的一种生活味道才是最重要的。在这里，全家人可以围着壁炉聊聊天，喝喝茶。

而壁炉对面的传统"电视背景墙"位，则安排了整面的书柜用来放置张先生的书籍。书墙的设计并不是太简约的手法，但是塑造了很好的居家氛围。整体空间的色调使用的是张先生喜欢的清新冷色调，而书架则使用木头的质感来增添空间的温度感，达到冷暖的平衡。

心意互通的餐厅

而餐厅和厨房也秉承了张先生的温馨团聚要求，将厨房设计成完全的开放式。张太太下厨时，孩子可以在餐厅等待着新菜出炉，张先生则在岛型的料理台边帮忙配菜。完全打通的空间让全家心意互通。

18. 金壁辉煌大宅气——拯救狭窄空间和死角

Project Information
项目信息

设计公司：
壹滴水

房屋类型：
三室二厅加入室花园

建筑面积：
120 平方米（不含花园部分）

主要材料：
马赛克、金箔壁纸、烤漆柜板

设计亮点：
厨房拓展

主体色调：
金色、银色

沈先生是四川人，
智慧幽默又不乏沉稳，
最爱跟手下说的一句话就是：
"做人要大气。"带一点点电影里张国立的调调。
见设计师时，照例也来了一句"做设计，
要大气。"厨房要大，餐厅要大，客厅要大，
又不能舍弃储物功能、不能减少房间数量，
一般设计师听闻简直要气绝。
沈先生拍拍设计师肩膀，
"交给你啦，我看好你！"
好吧，那就瞧好吧！

大宅的联通感

原先的户型房间、隔间、储藏室太多，沈先生希望空间不要被分割得太碎，客厅和餐厅联通成大气的格局。于是设计师将书房的墙面做成大面积的玻璃，并用了玻璃门，无形中增加了客厅的视野和宽阔度。

原先厨房边的储藏室被拓展成厨房，储物问题如何解决？设计师在客厅巧妙地利用墙面和走廊，做了整墙的推拉柜，既保留了墙面的平整性，又多了很多储物空间。

厨房"大"改造

三室两厅加入户花园的格局，厨房却只有巴掌大的一块地儿，连转个身的地方也没有，更别奢谈放下双门冰箱了。而厨房到餐厅却要经过长长的走廊，结构也不尽合理。

设计师将入户花园的室内部分完全打通，将厨房拓宽至原来的两倍。而原先无法拆除的承重立柱则包上马赛克，两边装上玻璃移门，在半遮半掩中成为餐厅一景。

材料放大看：

金箔壁纸

什么是金箔壁纸？金箔壁纸又称手工金壁纸，是一种特殊、高档、豪华的手工墙纸。它将99.99%的金属（金、银、铜、铂等）经过十几道特殊工艺，捶打成薄片，然后经手工贴饰于原纸表面，再经过各种印花等加工处理，最终制成金箔壁纸。与传统壁纸相比，金箔壁纸质地柔韧、耐酸碱、牢固耐摩擦，表面如沾污迹可用清水或洗涤剂拭去。

金箔壁纸怎么用？手工金壁纸花型丰富、外观富丽豪华，既可用于大面积内外墙装饰，还可点缀在普通的墙面之间，能不露痕迹地带出一种炫目和前卫。沈先生大面积使用金箔壁纸以点缀客厅电视背景墙、卧室背景墙，并配合射灯衬托出材料的反光感，打造出美轮美奂的"黄金屋"效果。

Tips：

拯救厨房死角冰箱位

"一"形橱柜边放置冰箱，会有很难利用到死角，既浪费空间，又不利操作。选择适合的橱柜方案，将它们充分利用，你的厨房储物空间会变得更完美。

1、拉篮：拯救深度狭窄空间

最边上的橱柜门板一般都做成无法活动的。在里面设置可向外拉出的拉篮，就可以将这部分空间利用起来，轻松找到放置在死角中的碗碟。

2 拉架和吊柜组合

只需事先量好要购买冰箱的高度，在冰箱上方也可以制作吊柜。这里的上柜主要用于收纳不常用的物件。而墙面的微波炉架则利用了深度空间死角，不占用宝贵的桌面空间。

19. 收藏之家——以实用的名义享受中式

Project Information
项目信息

设计公司：
云啊设计
房屋类型：
三室一厅
软装装修风格：
中式
家具：
仿古家具
设计难点：
实木防腐
设计亮点：
卫生间干区处理

热爱收藏的张先生、
张老先生父子俩多年积攒了多件中式家具，
装修新家时当然是全盘中式，件件都要摆出来。
张老先生、张太太是精打细算过日子、
舒舒坦坦享清福的人，
跟设计师说，实用才是硬道理。
"那就以实用的名义享受中式吧！"
四人各取所需。

仿古家具 浓重色调

设计师以中式仿古家具带出空间主题氛围，原木雕花家具以深沉色调营造沉稳大器的氛围。明式条案被用来做成沙发边的置物桌，电视柜也以中式仿古表情呈现。而经典款的官帽椅让用餐氛围变得古意盎然。

硬性线条的中式家具总是带一点点生硬，在客厅的圈椅边，设计师用经典的皮沙发穿插在中式仿古家具中，西式的跃动与中式的规矩撞击出混搭的美感。

中式情韵，实用为先

由于房间不大，家具和地板色彩又以深色为主，所以开放的空间铺排，是设计师在规划空间配置时的首要方向。

中式餐桌和椅子体积都很大而餐厅面积较小，所以厨房设计成开放式，无形中增加了餐厅的面积。而西式的吧台一样可以做成中式的款式。再配上两把中式的高脚椅，如此西式的设计在房间中一点不觉得突兀。

最难处理的是房间中的卫浴空间。两位太太都喜欢泡澡，两位先生又坚持不能将时尚的卫生间台盆挪到餐厅破坏整体风格。聪明的设计师将干区稍稍扩大并改变方向，设计成了进门的端景。洗手台后的墙侧面用红木贴皮包裹，与家具色调一致。斜式镶嵌的花窗，正好能从进门处看见。洗手间的干区如同一道隔断，将卫生间和餐厅完全隔开，又为餐厅增雅添色。

红木家具不仅属于耐用消费品,而且已经属于奢侈品。真正的红木家具材质使用国家标准中的"五属八类",款式以明、清经典造型为主,风格以宫廷家具为代表,主要采用中国家具制造的雕刻、榫卯、镶嵌、曲线等传统工艺,不用任何铁钉和胶粘剂。

中国传统红木家具中的海南黄花梨、越南黄花梨、小叶紫檀和缅甸鸡翅木都几近绝迹,即使是老挝红酸枝(也称大红酸枝、交趾黄檀)近年价格也是暴涨。

购买红木家具不要盲目比较价格,首先要确定是否为"五属八类"的木材,还要看材料的大小、珍稀度、工艺等。在选购时,还要看它的艺术风格,应选"富贵而不俗,华丽而不滥,端庄而不呆"的产品。如果是家具收藏的门外汉,建议不要轻易出手购买。

Q: 怎样挑选值得收藏的仿古家具?

目前市场上最多的还是明清仿古家具,一部分沿用了古典红木家具的材质,在设计上基本保持了原样,在工艺上也继承了红木家具制作中传统的榫卯结构。一件木料上乘、做工精细、款式经典的仿古家具一样具有一定的收藏价值。而有的在材质、设计上都加入了很多现代的元素,只保留了中式古典家具古朴舒缓的意境。这就需要您的眼光与品位结合,选择出设计上佳的款式收藏。不妨多选择获奖的家具作品或名家设计款进行收藏。

Q: 新做的仿古家具是否能保值、增值?

A:只要是实木家具,都具有一定保值和增值空间。国际上的大部分木材种类每年都会涨价,以印尼的柚木为例,现在的价格已经比两年前涨了30%左右。好的木料一般需要50至80年的成长周期,近年来各国政府已经开始重视环保问题,控制原木的过度开采,这必然会影响原料的供应,从而影响木材的价格。

中式家具 Q&A

中国风在世界范围掀起热潮,中式家具富有内涵,具有恒久魅力,它经久耐用,能陪伴主人很长时间。可是中式家具价格高昂,实用性较低,因此让很多装修人士望而却步。那么如何挑选中式家具呢?

Q: 中式家具是否一定要买旧家具才够贵气?

A:严格说来,具有收藏价值的中式古典家具只指古旧家具,主要就是明清两代的家具,这也是中国传统家具制作的巅峰时代。但是,这类家具基本都在博物馆和收藏家手上,民间难得,即使买到,也会因为价格昂贵或年代久远而无法尽情使用,所以,如果你只是风格爱好者,可以选择明清仿古家具。

20. 金银天然是货币——平民价打造奢侈风

Project Information
项目信息

设计公司：
D6 设计

建筑面积：
135 平方米

房屋类型：
三室两厅两卫

装修风格：
后现代复古奢华风格

主要软装材质：
丝绒

主体色调：
金色、银色

新古典主义风格，
更像是一种多元文化的思考方式，
将复古的浪漫情怀与现代人对生活的
需求相结合，兼容华贵典雅与时尚现代，
反应出后工业时代个性化的美学观点和文化品位。
从事金融行业的罗小姐夫妇，
是一对新婚的 80 后，
喜欢浪漫柔美又不失奢华感觉的女主人，
毫不犹豫地选择了新古典的装饰风格，
与同样深谙此道的女设计师一拍即合。

蓝调的贵族忧郁

房间最大的亮点，在于色彩的运用。整个房间透着淡淡的贵族忧郁气质，客厅和餐厅运用蓝色为主色调，并加入银色、黑色等配套色，调合整个空间。孔雀蓝天鹅绒沙发，黑色印花座椅，豆沙色靠枕、枣红软包床……营造出优雅高贵的新古典气质。墙地面则选用浅色调大面积铺陈，明亮的色彩拉伸了整体空间，让人丝毫不觉局促。客餐厅的深蓝色窗帘、玄关柜上孔雀蓝装饰品等细节修饰，则更加完整地刻画出浪漫复古的气质。

扩大主卧浪漫世界

房型中改动最大的是主卧，把里面实体的墙面统统拆掉，以最大化的空间来迎合大尺寸的新古典家具。入门处沿墙而建的嵌入式衣帽柜，打通了餐厅、主卧相连的两个小阳台，拉伸了视觉空间。罗小姐最喜欢主卧延伸出的圆弧形休闲区，设计师巧妙地打造出一排矮柜，增加了收纳功能，随意摆放几个靠垫，一个小型阳光阅读区就轻松搭建出来了。

新婚的二人世界，浪漫感的营造必不可少。这一点在主卧中，可谓发挥得淋漓尽致。红色天鹅绒软包床、水晶吊灯、印花壁纸，女主人与设计师的喜好与品位一拍即合。在满足现代生活功能的基础上，合理渗入装饰性元素，完全可以根据自己的心情调配属于自己的新古典色彩。

如何打造奢华卫浴

卫生间能折射出主人品味以及提升家的档次。无需花费太多，无需昂贵材质，只要你用些"高贵"图案，如典型的巴洛克风格瓷砖，拥有优美曲线的浴缸，摩登黑白配的地砖。值得注意的是，不能面面俱到，以防繁复。

墙壁般的储物空间

家虽然大，也不经乱摊一气。罗小姐在装修之初就考虑到这一点，在进门处开了个隐藏门，刷成接近墙壁的白色，不细看还真看不出呢。而衣服颇多的她，也在次卧开了堵假墙，一来起到割断作用，二来有了更充足的衣物收纳空间，一举两得。

Tips:
奢华风也可以很平民

大部分人对新古典的理解存在误区，以为它是大房型、高预算、奢华新贵们的专属。其实在有限的空间及预算下，我们可以换一种形式来表现。罗小姐家的新古典元素原则是"点、浅、简"。

点： 是指点缀，带有古典元素的灯具、窗帘扣、重花纹图案的靠垫、小件的家具等等，会跳出简单陈设的整体风格，成为空间亮点。需要注意的是，这些元素并非纯古典，其造型色彩等结合了现代感的元素。

浅： 大面积的装饰色彩做淡，例如白色、米色、浅咖色等墙地面、浅色的家具扶手线条来拉伸视觉感。

简： 是指造型，新古典风格的家具及室内的硬装结构，造型上应该是简约的。

名词解释
新古典主义

新古典主义去芜存青，保留了路易十四风格的线条曲线，去除了线条上过多的繁杂装饰；保留了细节，却又不会因为过多的细节堆积以至于失去重点；保留了镶花刻金，却又不是满眼金晃晃的让人眼晕。这种风格保留了材质、色彩、风格，摒弃了过于复杂的线条、装饰、肌理，却没有丢失性格，仍然可以强烈感受到传统的历史痕迹和浑厚的文化底蕴，这便是完美折中主义的新古典主义风格。

新古典主义的精华： 高雅的底蕴、开放的姿态、尊贵的精细。Lady感的线条、金银暗调的色彩、低调奢华的细节。色泽上多用金色和暗红就浓，稍加白色柔和则明亮而淡；加以洛可可的配饰或巴洛克的优化，便尊贵雍容；配上现代化的皮制品，或间接的床头灯，优雅非凡。

21. 朱丽叶的阳台——低奢新古典之梦

Project Information
项目信息

设计师：
上海春亭装饰设计工程有限公司 陈飞来

设计理念：
个性无定式，追求艺术与技术的完美结合。

建筑面积：
128 平方米

主要用材：
欧亚米黄、帝皇金大理石、拼花马赛克、雕花镜、无纺墙布、拼装护墙板

主要色调：
金色、白色、黑色、银色

叶炬小时候住在一栋
西班牙风格的老洋房里，小小的房间
却有一个大大的阳台，白色的罗马柱、
金色的雕花给童年的她留下深刻的印象。
在爱做梦的年纪，她把它想象成
"朱丽叶的阳台"。
几年之后，当自己有了房子，
她也希望在房间中有一个
凭栏怀想的"阳台"，
有着同样白色的罗马柱
和金色的雕花。

栏杆内外的奢华生活

客厅以奢华的金色为主色调，弥漫着贵族气息。在繁杂复古的线条中，透出尊贵感。更重要的是，透过复古家具的陈设，唤醒主人深藏的对居家生活的艺术情感，享受超凡的奢华生活，将怀古的浪漫情怀与现代人对生活的需求相结合，兼容华贵典雅与时尚现代。

客厅过道的墙壁设置体现人文情怀的壁炉，黑金花的立柱提领空间典雅高贵的气质，石材和车边茶镜的虚实对比延展视觉的雍容，在细节中体现精致。

餐厅位于错层的高处，将其与客厅完全打通，并把原先在客厅正中的楼梯移到一边，使客厅空间可从容摆放三人沙发位，客厅空间显得更加完整。餐厅与客厅用漂亮的栏杆分割，使空间更具互动性。餐厅的地面拼花也极富诗意，与圆桌、圆形吊顶造型环环相扣；而餐桌边金色马赛克桌体的酒柜更将装饰艺术和实用功能完美呈现。

三重功能的卧室套间

恋恋公主房

叶炬的女儿刚刚读小学，正是做梦的年纪，也继承了妈妈的浪漫基因。于是，次卧被贴心地设计成了公主房，复古的银色勾边给儿童家具带来古典的情调，而不变的粉色调则演绎出丰富的童年生活。

卧室连着主卫，卫生间也延续了主卧的棕色调。更绝妙的是，浴缸墙面的镜面玻璃后面暗藏电视机。茶色玻璃镜面在不开电视的时候，有着镜面功能。当打开电视，电视画面就完美地显现出来。边泡澡边看片，品质生活无时不在。

因为主卧够大，所以将其中一部分设计成了步入式衣帽间。而书房与卧室则用木框玻璃隔墙分开，充分考虑采光和空气的流通，健康舒适而不失私密。充分利用自然采光，增添了叶先生读书、办公的惬意。

Project Information
项目信息

设计师：
浙江城建联合装饰工程有限公司 吴和建
房屋类型：
三室两厅
主要材料：
木饰面
装修风格：
美式乡村
主体色调：
红色、黄色等暖色调

提到现在的装修风格，
韩静笑着说，
因为小时候对童话里的小木屋念念不忘，
在装修时参考了大量的木饰面图片，
对自己装修房子有了不小的把握。
家的风格慢慢地也在心里有了大致的影子，
色调是温暖的，家具和墙面、顶面是木质的，
软装是碎花的……
好多想法迫不及待地等着执行。

美式乡村的自然木色

虽说整体风格是美式乡村混搭，但里面融入了太多韩静对于家的理解和童话般的色彩，将美式乡村改造成了自己的独特风格。粗犷的木材，大胆的颜色搭配，充分融合了美国人崇尚自然的天性。在整洁、温馨的田园风格里，天然的纹理，仿旧的家具，随意搭配的精致灯饰让整个设计变得更加灵活，营造出浪漫而带有童话色彩的居住空间。

无论是顶面、墙面，都以不同色彩的木饰面包裹，恋恋木色让房间变得格外温暖。

艳彩童话世界

室内空间的总体基调以明亮、热烈为主，以一些简约、鲜快的色系为辅。客厅的布置简约又不失浪漫，颜色素雅的布艺沙发，与顶面纹理粗狂的殷柔形成鲜明的对比，把热情、奔放和恬静、优雅诠释得恰到好处，加上复古的灯饰，烘托出一个温馨、浪漫的休憩空间。客厅里独立一块的艳红色电视背景墙是韩静的得意之作，它自成一体，简单又别具匠心，不仅在空间上加深了层次感，更有效的把空间拉大。

而餐厅一侧由红色系不同规格文化石铺贴而成的壁炉不仅从平整的墙面脱颖而出，更还原了田园乡村风格中的古朴气息，并一扫单一深木色带来的沉闷。

多功能区的空间划分

在空间的规划和设计中，设计师对房间透光也作了精心的处理，通过用半墙替代厚实的墙面来弥补餐厅光线不足的缺点，且巧妙地隔开了餐厅与客厅，让餐厅成独立的空间，使房子在空间处理上又多了一个小小的亮点。

开放式的厨房是时下年轻人的最爱，在厨房的空间处理上更大胆创新，借用原来的一个小阳台，扩大厨房，韩静在一个宽阔的空间里施展厨艺更加自由。

Tips:
放心木生活 净味乐无忧

1. 小空间使用大量木家具或木饰面：如书房、卧室，不仅容易带来气味上的困扰，更需要注意有害物质对身体带来的侵害。因此谨慎选择木器漆就显得尤为重要。

2. 居室里的书柜和衣橱如果涂刷拥有净味水性配方的木器漆，不仅是追求自然环保的首选，而且不再有难闻的气味，让空间更净味、清逸。

3. 以木色为主的家，很多人都希望保留木头的淳朴感。使用木器清漆刷出来的家具漆膜丰满，透明度极高，可以把天然木纹的优雅美感带来出。

23. 生活直觉——呼应设计的小快乐

Project Information
项目信息

设计师：
2046 设计机构总监 江浪

装修风格：
简奢

房屋类型：
三室二厅一卫

客户群体：
年轻白领

格调：
雅致简约＋新古典元素

由房子变成家，快乐的过程，
得益于 Lisa 的直觉与老公的效率。
在网上做了下功课，选了个阳光灿烂的下午
和老公一起直奔设计公司：
咨询—确认—签约—量房，事实证明，选对了！
Lisa 的选设计师心得是：要选对设计师，
建立良好的沟通同样重要，相互坦诚合作
就没有什么大问题。看着新家慢慢地穿上新衣，
是个幸福的过程，这个中滋味，
经历过的人自然体会得到。
现在，回家成为一种乐趣，就这样地
爱上了家、爱上了生活。

设计理念：
"以人为本"，
以设计为出发点，
功能决定装饰，
空间层次通透感是设计的重中之重，
把握空间的心脏，
即把握家的灵魂，
才能让整个空间富有生命力和灵动性。
体现每个人的兴趣爱好，
也就是不同的"灵魂"，
最终达到"以人为本"！

简 Vs. 奢

对于风格和色彩，其实有很多选择。但 Lisa 还是选择化繁为简，将风格和色彩都先抛之脑后，而只定下了简奢的调性。可以有复古元素，可以是简约风情，可以融入任何一种风格，只要调性相似就可以。

于是，客厅的墙面材料也变得多种多样。乳胶漆的沙发背景墙配金色的电视墙饰面，一奢一简中张弛有度。金黄色饰面板的电视背景墙并非只是一色，在颜色上也有着微微的过渡。边上配的花饰也给房间增添不少生气。

而客厅中的家具，也兼容了贵的品牌和便宜的宜家风。眼熟的靠垫、羊皮毯和茶几、落地灯都来自宜家。价格不菲的沙发有着条纹与团花的暗纹，变化中又有着和谐感。浅咖色的转角沙发搭配暗红的单人坐凳和右边的单人沙发，同一套系却因不同的色彩而变得绚丽多彩。茶几上的花瓶即使不插花，本身就已很耐看了。沙发左边还有一个白色的桌子，造型很好看，简约中带着古典的美感。客厅没有主光源，除了射灯之外，又补充了台灯和壁灯，夜晚光线变得非常充足。阳台做成了榻榻米地台，让客厅更多了舒适悠闲的感觉。

走道变身华丽 T 台

客厅和餐厅之间是一条过道，两边是卧室。在过道尽头，埃菲尔铁塔的装饰画成为走廊的亮点。

而电视背景墙之后的储藏室，则做成了镜柜，容量很客观。有色镜面门既美观又实用，担负起了穿衣镜的功能。长长的走道铺上了地砖，在射灯的照射下很华丽，Lisa 经常在这里上演穿上新衣后的 T 台 SHOW。

客厅和餐厅隔着走道遥相呼应，餐厅边加了一个楼空的隔断，将用餐区与玄关区分隔开来。镂空的雕刻样式是Lisa在网上亲自选的，融合了新古典与简约的双重美感。餐桌上方是厅里唯一的吊灯，同样符合奢简的调性。

餐厅暗红色的餐椅与客厅的单人沙发相呼应，餐边柜的镜面材质也与更衣间的镜面互相照映。玄关也虽小，但是是木工师傅手工做的，功能划分相当实用。

生活中的小快乐

米色的卧室直接走了小奢风格，软包墙与壁纸的结合让房间显得温暖而舒适。而卫生间的浴缸边，更不忘装上复古的吊灯和挂壁电视，让生活的享受进行到底。

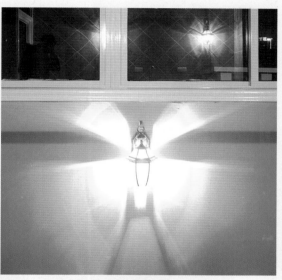

次卧则选用蓝白条纹墙纸，配上蓝色波点床罩，清爽之余不失活泼气氛，俨然一位水手的家。男孩子的卧室打扮成这样再合适不过了。

24. 经典夏奈尔——法式精致公寓风

Project Information
项目信息

设计师：
云啊设计 邵斌
建筑面积：
110 平方米
房型：
三室两厅
装修风格：
法式、怀旧风
家具关键词：
做旧
色彩关键词：
米色、灰棕色

"流行稍纵即逝，风格总存。"
这句经典的话语正是出自一个
美丽而非凡的女子———可可·夏奈尔。
而青睐于夏奈尔的钟小姐在 2014 年的夏天
也同样成就了一个典雅而又独特的
法式风格的家。
在上海市区的一套精致公寓房内，
一幅幅典雅温婉的生活景象
在主人的精心打造下
被完美地呈现了出来。

清新素色系

在整体的色调上，钟小姐偏好淡雅的清新色系，从素色的墙面到浅色调的家具，都在深浅不一却又相互呼应的元素之间体现出细腻的层次感，法式气息也在不经意的细节中淡淡散发，唯有细细地品味，才会越发感受到它的芳香馥郁。

素色的客厅中，金色的灯饰，黑色镶金边的壁炉，每一件物品都遵循着法式风格搭配在一起，让客厅颇具古典韵味。

法式怀旧家具

设计师绍斌觉得，对于小空间的布置，拥有美丽别致的雕刻和图案的家具应该唱主角。因此，在这次的装修中，家具的选择成为了钟小姐的重头戏。为此，她也跑遍了上海几乎所有的家具商场，各种有名没名的家具店都逛了个遍，却还是未有收获。最终，在设计师的一个模糊印象下，钟小姐终于在如同大海捞针一般找到了心仪的家具品牌。

造型经典的法式座椅独占一角，浅色的背景将座椅的外形勾勒得玲珑有致，让此处显得别具韵味、大气而不失华贵的壁炉成为了客厅的焦点，深色的运用让空间显得沉稳内敛。此外，进门第一眼就看到的做旧木质屏风则是她网上淘到的心爱之物，用于分隔餐厅与客厅的空间，不仅大小刚好，更主要的是其色调和图案也和整体风格搭调，并且也成为了家中的一大亮点。

风格同样适合孩子

当然，对于儿女双全的钟小姐一家来说，风格设计更需要赢得孩子的喜爱。面积较小的儿童房里，这套白色的高低床是兄妹俩同时看中的，并且它还能拆成两张床，实用的设计符合孩子未来成长的需要。

小身材，大空间
——儿童房储物的四种方法

随着孩子年龄的增加，玩具越来越多。再加上课业的负担加重，每年学习用的书籍即使读完也不能扔，也需要占用不小的空间。而孩子的衣物、冬被的收藏都需要更大的储物空间。小小的儿童房，需要承担的收纳储物功能却一点不少。

10岁以下的孩子，更适合选择带抽屉的床，能充分利用起床下储物空间。

A

床下储物

其实收纳不仅仅是一个很好的习惯，而且还能帮助孩子培养逻辑能力——什么东西该放哪里、用哪个柜子存放等等。色彩鲜艳、造型可爱、用途多多的儿童储物家具可以吸引孩子参与收纳，另外，各种不同的收纳工具有不同的使用方法，使收纳过程本身不再是单纯地"整理"东西，更像一个有趣的游戏，会让孩子爱上收纳，不再邋遢，成为名副其实的小公主、小王子。

B

整墙衣柜

依墙定制的柜子具有强大的储物功能。不过如果要锻炼孩子们独立的个性，任何成人化的家具都需要根据孩子的需要进行改变，让孩子不会用"够不着"、"搬不动"等类似的借口推卸责任。刚上学的孩子已经具备基本的生活能力，他们完全可以自行收纳物品，因此，为了迎合他们的身高，可以将高大的衣柜下格交给他们调配，并注意调低衣柜的把手，方便孩子使用。

C

飘窗搁架

随着孩子不断长大，需要展示的东西也越来越多，带门的柜子就成了一种障碍。不妨改换方式，将窗边的明亮空间利用起来做成组合式开放搁架，这样孩子们悉心收集的船模、心爱的芭比都能在房间中展示出来。同时，扩大的飘窗更成了一个小沙发，几个孩子坐在一起也不会挤，满足孩子越来越强烈的社交需要。

D

软体储物

孩子们喜欢把东西藏在自己的百宝袋中，父母也很喜欢百宝袋，因为不用时可以折叠收纳！有弹簧的 S 型骨架桶形储物件既可以存放玩具，又可以作为脏衣篮。而可爱的网格袋被悬挂起来，仿佛装着孩子们每一个小小的梦想和轻柔的秘密。这款储物系统能利用天花板和墙壁的空间。孩子们喜欢网状的储物产品，方便他们查找内置的物品。在整理玩具时可以让孩子锻炼物品分类的能力，不仅能"正中目标"，也许还是孩子们练拳的"沙包"呢。

E

床上储物

切忌放置重物，以免带来安全隐患。

儿童房设计篇（二）
三种设计，让孩子快乐玩耍

家有宝贝，尤其是 5~10 岁的小精灵们，他们的儿童房自然成了他们的游戏室、学习区、表演场。如何让儿童房的每个角落都充满童趣，如何配置与他们 24 小时共享在一起的游戏时光？

方法一：睡在高处

或许最早双层床的设计只是出于节省空间的角度考虑，但在孩子们的眼里，似乎它更像是房间中的"大玩具"，除此以外，孩子们对能上下攀爬的空间也始终充满热情，可能二者都迎合了孩子们好动的心理吧！何不将床下改成功能空间，让孩子天天享受攀爬的乐趣呢？

方法二：故事房间

孩子们对于角色扮演这种老套的游戏总是乐此不疲，好像每个人身上都充满了表演细胞，他们想象着自己是国王、海盗、公主、士兵等，任何人物都有可能成为它们倾慕的对象，这是孩子们渴望成长的表现，千万不要让沉闷的房间布置扼杀了孩子们的表演天赋，他们可以从游戏中总结经验，学会解决问题的方式。

海盗游戏：
带有海洋和舷窗图案的床侧挡板，将床变成了一艘大船。同时房间中的其他配饰也无不围绕海洋与船只展开，更加丰富了孩子们的娱乐空间。

方法三：选择 KIDULT 风格家具

这个新兴的混种词汇，由 Kid+Adult 组合而来。具有童趣的成人化产品让你和宝宝都喜欢。在稍大一些孩子的儿童房里，你可以选一些经典款的 KIDULT 风格的家具。充满童趣又有型有款的家具既可以摆放在儿童房，也可以移到客厅使用。最美妙的是，你可以和你的孩子一起享用它。即使岁月流逝、孩子到了青少年时期，也依然会乐此不疲，永不过时。

KIDULT 风格家具推荐

椅子？房间？

大大的球体给人一个充足的私密空间，你可以在里面休息或打电话，如同一个房间般地舒适安静。可绕轴旋转的贴心设计让坐的人能看到不同的外界景象，不会生出与外界的隔绝感。

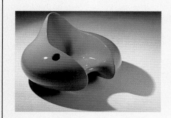

现在？未来？

流线型未来感系列的椅子，常常出现在经典的科幻电影之中。方程式椅的灵感则来自赛车座椅，在上面微微倾斜躺坐，甚至能呼吸到未来气息。更让人着迷的是，玻璃纤维的材料让这些椅子能稳稳地飘浮在水上。如果家中有一个游泳池，它将会是你的首选。

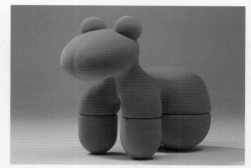

玩具？家具？

如同超大号的玩具，小马椅完全颠覆了人们对传统座椅、甚至是坐椅子时姿势的固定印象。它可以给你"骑着"或者侧身坐，柔软的坐感和奇异的坐姿让人顿生对童年木马时代的回忆。

运动器材？草坪？

别不相信自己的眼睛，这个高95厘米、宽140厘米的丛林般的立方体，千真万确是一把舒适的软椅。这款用超级写实的绿草和对细节的巨型放大后设计出的Pratone（大草坪）椅名噪一时。它采用柔软的聚胺酯制作，你可以将自己舒服地卡在"杂草"中间、或者像在草坪上一样躺在最上方。但是，享受它却是个动态的过程，你会发现，自己稍稍一动就会陷在这些柔软的草叶之中而失去重心，需要不停地改变着姿势以建立新的平衡。某种程度上说，它更像是一个大型的运动玩具。

三步打造舒适老人房

三室装修，大多数人都会关注儿童房，但是我们可不能落下老年人啊。迟暮之年，生理和心理都有很多微妙的变化，本来就应该尽享天伦之乐。繁忙的工作让我们忽略了很多生活的细节，也疏于对年迈父母的关怀，老年人在房间内的时间相对较多，怎样让老人在房间中更加舒适地生活？老人房设计，最当结合独特的年龄特点做特殊布置装饰。

第一步：选房间

和父母同住，三间房间中，究竟该选哪间给老人做卧室？并非给他们最大的就是最孝顺的选择。老人房设在什么位置很讲究。

首选朝阳

老人的卧房应尽量安排在朝阳的、有落地窗或阳台的房间，老人大多喜阳，这样可以让老人有更多的时间和机会坐在家中享受阳光。

动线流畅

要注意老人在家中的活动区域，尽量做到为老人方便考虑。如果是小复式，老人房的位置最好选在一层，不用爬楼。如果是平层，老人房最好相对独立，并能靠近卫生间、生活阳台。同时老人喜静，老人的房间应尽量安排远离客厅和餐厅。老人房可以与其他房间动线相对分开，这样生活习惯不同也不会互相影响，但是也不要让老人房太孤立，以方便互动、增加和睦。

第二步：选风格

老年人大多性格平稳，所以房间色彩的选择上应更偏向于平和、古朴的色调。视觉上也不会造成太大的刺激。深浅搭配的色泽十分适用于老人的居室。如深胡桃木色的家具可用于床、橱柜与茶几等单件家具上，而寝具、装饰布及墙壁等，色泽则应为浅色调，这样整个居室看起来既和谐雅致，又透露着长者成熟的气质。并非所有老人都喜欢中式风格，所以要结合每个人的独特喜好来决定风格。

在细节的设计上，要根据老人的爱好，突出老有所乐，过好每一天。喜欢看书的老人，房间内可设计成书斋型卧室，安排书架，放置一些老人们爱看的书报杂志。如老人有过军旅生涯，其卧室最好配置一些与军事相关的饰品，如军刀、战马等造型，可引发老人们对往事的追忆和无限思考。

第三步：选家具

对于老人来说，流畅的空间意味着他们行走和取物便捷。这就要求家中的家具尽量靠墙而立，家具的样式宜低矮，以方便他们取放物品。不要选择可折叠、带轮子等机动性强的家具，宜选择稳定性好的单件家具、固定式家具为首选。零散物品（如散乱的电线等）可用挂钩予以固定，使空间既清爽又安全。单件家具尽量选用圆角的，避免产生磕碰和擦伤。一些家具的高低度也有要求，太高的家具对老年人的活动会带来不便。家具应从实用出发，外露部分应尽量减少棱角。

柜子

老人恋旧，需要收藏的衣物会很多。所以老人房需要收纳功能强大的柜子。柜子的尺寸和款式有特别的讲究，简单的五斗柜最符合老人的使用习惯，同时老人不便登高或弯腰，柜子和抽屉的高度应控制在80~150厘米，只要伸手就可以了，而不用爬上蹲下。如果为了利用空间可以将衣柜做到顶，但是取东西时就一定要年轻人动手。收纳高度要伸手可得，老人都有很多东西需要收纳，可以专门做个陈列墙（架），用来展示具有纪念意义的物品，如果没有特别的需求，做好收纳也是必须的。柜子设计得好看、合理，就会让老人把东西都收纳到柜子里面，既保证房间的整洁，减少灰尘细菌，也保证了老人的健康。

沙发

沙发应体现人体工程学，不宜过软、过深和过矮，更不要坐下去站不起来。老人的腰多有不好，偏硬的布艺沙发更吻合老年人的健康需求，如果是实木沙发，可以在上面加一张软垫。

老人需要大空间

人老了，需要非常有尊严的活着。于是，空间需要比年轻时候更大，透气感十足但不空旷。

无障碍设计对老人来说尤为重要，人老腿不好，随处多放几张椅子，到处有可当"扶手"的物品，对老人来说有是非常有安全感的。

老人爱收藏

人老了念旧，自然爱收藏。因此收藏不是专业人士或者有钱人的特殊品，而是人老了的共识。老人大多爱看看老东西，从泥土里挖出来的、老祖宗传下来的、古玩市场里买来的等，都是他们的宝贝。也许儿孙辈对此很不理解，但作为孝顺懂事的晚辈，有条件的话，总得给这些"宝贝"们留个安全之地。爱舞文弄墨，也是老人的特点之一。如果有足够的空间，给他辟个小小书房吧，敞开式的最好，因为他爱热闹；和收藏室一体也不赖，因为他更专注。

老人喜欢的样式

研究图案的人都知道，老人有固定的喜好，这和他的阅历、性格、性别、喜好当然不无关系。但总体而言，作为中国的老人，中式是大多数人不讨厌的。做儿女的你，如果对古怪老爸的脾气摸不着头脑的话，不妨选择传统中式来装修。

而假如你的婆婆或者妈妈特别爱赶时髦，也不妨尝试新古典，或者新古典结合中式，这样显得不老气。

老人爱植物

人老了，心思也宁静了。于是很多人喜欢上了花草。据说一个常和花草为伴的人，一辈子可比同样情况下而不理花草的人多活 8 年。也不知是真是假，反正养花草可以陶冶性情、延年益寿却是真的。因此，装修时候多留些空间给老人，让他们去打扮家吧。

老人也分老老人、中老人、微老人……大多数老人是不肯服老的。假如他还不太老，建议不要把屋子装修的太老气，日式装修风格也是个好方案。

给父母一晚甜梦
——老人房舒眠设计

老人房装修，家装公司一般的做法是根据自己的经验来设计，在设计过程中涉及软装的多一些，而在一些功能的设计上相对欠缺。这样设计出来的老人房仅仅是风格上适合老年人，而对一些实际的需求就难以满足。

对于老人来说，夜间的生活质量相当重要。是否能有一晚舒适睡眠，是衡量老人生活品质的重要标准之一。所以在材料的选择、动线的设计、洗手间安全、家具尺寸和造型，灯光调节、颜色搭配等方面，都应该给老人一个安眠氛围的综合设计。

一、安静温暖

老年人大多喜欢安静的环境，所以隔音是墙壁和门窗的必然要求。此外，一些老人怕冷，尤其是南方冬天阴湿的天气，所以可以考虑在老人房里面做地暖，或者在老人房地面铺上地毯，既可以防滑又增添暖意，而墙面的颜色也会增加温暖指数。

二、夜间灯光

很多人误以为夜晚昏暗的灯光适合老人，可以传递安宁的感觉，其实并非如此。老人大多视力有所下降，因而室内光源尽可能要明亮一些。老人房的灯光要有明亮的主光源，再点缀一些点光源。在书架、写字台或躺椅的地方不需要装射灯，射灯较为刺眼，不适合老人的阅读习惯。

在走廊、卫生间和厨房的局部、楼梯、床头等处要尽可能地安排一些灯光，以防老人起夜摔倒。开关要科学合理，在一进门的地方要有开关，否则摸黑进屋去开灯容易绊倒；卧室的床头要有开关，以便老人起夜时随时可以控制光源。

三、睡床设计

老人用的睡床高低要适当，以方便老人上下床，也方便老人躺在床上时能方便地拿取物品，还可以预防老人不慎摔伤。有条件的应有手扶。

老人床最好稍硬不宜过软，最好是硬床板加上厚垫子，既对健康有益，也舒适。软床对于患有风湿、腰肌劳损、骨质增生的老人家来说，反而不利健康。

老人们恋旧，不喜欢处理老旧物品，长期积累下来，很多东西都堆在了床底下，这样容易藏污纳垢，不利于卫生状况。所以一定要注意搭配床下储物盒或者带有收纳功能的床。

随着年事渐高，许多老人开始行动不便，夜间起身、坐下、弯腰都成困难。这时，可在墙壁上设置扶手作为他们的好帮手。或在适当的高度设计个小台子，平时可以放些老人喜欢的照片和摆件，在起坐时也可以扶一把。如果有需要使用轮椅的老人，尽量避免错层台阶而是设计一些坡道。

四、起夜安全

对于腿脚不便的老人，在老人房内应尽量减少障碍物，并在通向洗手间的走廊内使用防滑材料，以防夜间摔倒。洗手间地面也要特别注意防滑并装上电话，方便父母在任何有需要的情形下都能第一时间拨通子女的电话。选用防水材质的扶手装在浴缸边、马桶与洗面盆两侧，可令行动不便的老人生活更自如。此外，马桶上装置自动冲洗设备，可免除老人回身擦拭的麻烦，这对老人来说十分实用。另外，老人也多不能久站，因此在淋浴区沿墙设置坐椅，能节省老人体力。

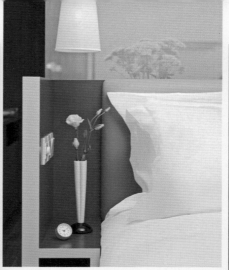

另外，考虑到部分老人突发急病时候说不出话，而房子较大，家人很难听见呼喊。最好在房间设置电话、铃铛等"报警"装置。

五、自然气息

老人大多喜欢安静整洁的家居气氛，一个舒适的生活环境对他们来说非常重要。建议家有老人的居室内不妨多放一些绿色植物，来保持空气的清新、视觉上的放松。另外，家中养一些花草，对于老人来说，也是一种修身养性的方式，对于保持精神上的轻松愉悦有着良好的作用。所以别忘了适当给房间加点儿绿植，增添些生机和活力，也让老人房有一晚清新空气。

衣柜入墙，轻松三步

——打造明星气质衣柜

电视上、杂志里，名流、明星们如同商场专柜的的衣帽间总是让人羡慕不已。特别是女孩子，从小就会梦想着有自己独立式的衣帽间。可是现实和梦想总是距离多多，一不注意，衣柜就变得杂乱无章，收纳空间好像也越来越局促了。其实，好好规划，利用现有空间，你也可以拥有明星气质的梦想衣柜。

第一步 挑位置
走廊

宽大的走廊，可能已经为你预留出壁柜，专门为衣柜而用。你需要根据空间的大小来定做门以及内部框架。选择移动门，可以减少开门带来的阻碍。而有的卧室的进门处也有特别宽敞的走廊，可以用来打造一排壁柜。走廊处的衣柜内可能还会放置被子、玩具等物品，一定要提前规划好。

图片来源：菲林格尔 整体衣柜

拐角

拐角形的衣柜，适合开间或者面积大、多功能布置的卧室。衣柜能承担隔断墙的作用。如果房间整体采光好，那么你可以充分利用空间，把衣柜设计成顶天立地的款式。如果只有一面采光，那么最好在衣柜上部留出空间，这样自然光可以进入。

而在拐角处的斜面设计，能让死角也得以很好的利用。

床头

在进深较窄的卧室中，或者有一侧墙面有窗子或者门遮挡，那么就不适宜在传统的位置摆放衣柜了。你可以在床头那面墙面做安装组合衣柜。很多人喜欢在床头正上方加装顶柜，但这样会对睡眠不利。床板上的搁架就很好地解决了这一问题。

床侧

床的一侧是最常见的摆放衣柜的位置，无论是正方形还是长方形的卧室，都比较合适。衣柜与床边的距离最好不要小于 1 米，否则人在床边活动或者拿取衣物都不方便。衣柜可以购买家具厂商的成品或者根据尺寸定做整体衣柜。

小房间

如果你的卧室足够大，或者有一个不常用的卫生间，可以将其改造成一个步入式衣帽间。用整体衣柜围绕四壁设计，再在外面设置一个颇具风格的推拉门，一个奢华的私有空间就这样诞生了。

第二步 选柜体

实木造价高、变形率大、易开裂，很少用在衣柜中（有的儿童衣柜会用到）；刨花板膨胀率小、防潮性较好、稳定性强、握钉力好、横向承重能力好，所以适合做柜体和层板的连接，但是表面做不了效果，无法弯曲；密度板承重力高，可以做多种效果。

柜体的封边方式也很重要。全自动封边会更加经久耐用，而且整体效果看起来圆滑、均匀一致；半自动封边易脱落，整体效果比较差；手工封边会有一些毛糙，会刮伤衣物，尤其是贵重丝织品。柜体活动层板的四边最好也要封边，活动层板经常需要调动位置，如内侧不封边会造成剐蹭。

第三步 选柜门

衣柜的门一般有平开、滑动门和折叠门几种。平开门的合叶承压能力不如轨道，所以平开柜门的门板不宜太宽太重。

柜门对于衣柜的风格有决定性的作用。玻璃、镜面、实木饰面、烤漆的不同花纹和图案，可以与室内风格搭配，也能制造出其不意的视觉焦点。大面积的柜门还可以成为房间配色的主调，其余配饰均跟随柜门来变化。有的柜门面板好像手机彩壳，能够随心换。或者把柜门当做自己创作的一个区域，照片、涂鸦作品都可以展示出来。

柜门的密封性非常重要，为防止尘土进入污染衣物，尽量避免使用不密封的百叶门。

完美衣柜 ABC

衣柜作为家具中的重要组成部分，与人们生活起居息息相关。而衣柜在生活中起到的地位就像衣服，合不合适很重要。除了从选位置、选柜体等大方向着眼考虑外，还需重视衣柜的内部细节，从配件功能到细微尺寸，都会影响到衣柜使用的完美度。

功能配件 ABC

格子架、抽屉、推拉镜、裤架、小挂钩或挂篮等，这些配件搭配衣柜的框架结构，可任意组合搭配。建议您根据自己的实际需要和生活习惯去选择柜子的组合方式。

 抽屉、层板

平稳的层板最适合存放针织类以及衬衣类衣服，层板之间相隔的距离不要太大，否则叠放的衣物太高，拿其中某一件衣服的时候容易弄乱其他的。网篮用来放 T 恤，看起来清楚，找起来方便，前面板透明的抽屉也能达到这种效果。层板和抽屉可以选择能完全拉出的款式，这样最深处存放的东西也能轻松取放．衣柜中个别层板可以设计成活动的，当衣物数量增减的时候，可以随时调整位置。

图片来源：菲林格尔衣柜抽屉

B 细碎收纳

小东西有时候会杂乱混在一起，找的时候很难，偶尔藏进衣柜角落，经常会莫名其妙的失踪，某一天翻箱倒柜之后又突然现身。有了这些小格子，每件东西都有自己的位置，用完放回原位，井然有序。领带、皮带打成卷，丝巾折叠成小方块，放在格子里。此外，不同物品分开放，从卫生角度讲也更科学，避免交叉污染。

使用储物盒存放物品，分类更容易，每个盒子外面可以标记物品名称，用的时候不用无头绪地乱找。带盖的盒子，能防止尘土污染衣物，即使没有柜门，也很好用。盒子可以让一些不规则形状的物品更好地摆放，比如一些运动装备等。帽子等不能压的物品，放在盒子里存放也是一个好方法。

图片来源：菲林格尔衣柜分格抽屉及裤架

C 悬挂

叠放的衣裤会有折痕，而无论是挂衣杆还是裤架，都能让衣裤不留一点痕迹。而多节式滑轨的抽拉式裤架，可以将裤架全部拉出，翻找十分方便。

细部尺寸 ABC

A 挂衣杆一定要以衣柜内部实际进深为标准取中间位置，挂衣杆距离上板必须 4~6 厘米，距离太短挂放衣架会不方便。挂衣杆的安装高度为女主人的身高加 20 厘米为最佳。每个横杆的长度不要超过 120 厘米，否则杆子承重会有问题。

B 定做整体衣柜，单个柜体面宽通常为 0.8 米、高 2.2 米，进深如果是安装移动门需要 0.65 米，如果是合叶门只需要 0.6 米。柜体最好不要小于以上尺寸，避免衣服与柜门、柜体磨蹭。

C 平开门衣柜柜门宽度在 45~60 厘米之间为最佳，开启时不会太占用空间。滑动门相对更节省空间，但是高度最好不要超过 2.5 米，滑动柜门宽度在 60~80 厘米之间为最佳。

比比看：
定制整体衣柜 VS 成品衣柜

风格一致是成品家具的最大特点，也是它"致命"的缺点，容易造成空间利用的不合理。比如成品衣柜，通常的高度为 2.1~2.2 米左右，离房顶还有将近 40~60 厘米，这部分的空间存在不合理的浪费。而对于转角、走廊这些复杂空间来说，更无法充分利用，而且就使用推拉门的大衣柜来说，门的变化也非常少。

订做整体衣柜最大的优势就是能充分合理地利用有效的空间，设计更人性化。它可以根据用户的需求任意设计，或者抽屉多，或者多隔板，而且还可以事先加进任何尺寸的拉篮，这些优点使它的整体性、随意性更高。

关爱老少
——无障碍功能设计

面对一些弯腰驼背、行动缓慢、反应迟钝、身形富态、健忘、火气大、弱视或对空间感知能力差的家人，我们是否应该在装修设计房子之初考虑到他们的起居行为，做到防患于未然。

"无障碍设计"顾名思义就是消除阻碍人为行动的障碍，例如家居中较高的门槛、暗淡的灯光、易滑的地砖等。值得强调的是，"无障碍设计"不仅仅是为了残疾人，它对老年人和儿童同样适用。视觉残疾人也是特殊的一类人群，室内无障碍设计提出了在室内环境中适合于弱视者和盲人的视觉系统和引导的设计。应该说，无障碍设计是一种空间规划手段，即从不方便行动人群的生活轨迹出发，从每一个细节关爱他们的生活起居，令每个人独立生活的愿望成为现实。

无障碍的环境对患者的生理和心理有着特殊的治疗作用，它可以消除和缓解由于疾病给患者带来的痛苦和焦虑，改变患者的心态情绪。简洁、耐用是这个设计的精髓。借鉴小尺度、亲和的设计手法，在材料色彩上较为温和，体现温馨感。楼梯应采用直行形式，如直跑楼梯、对折的双跑楼梯或成直角折行的楼梯等，不宜采用弧形梯段或在半平台上设置扇步。 坡道的坡度和宽度：便于残疾人通行的坡道坡度不大于 1/12，与之相匹配的每段坡道的最大高度为 750mm，最大坡段水平长度为 9000mm。为便于残疾人使用的轮椅顺利通过，室内坡道的最小宽度应不小于 900mm，室外坡道的最小宽度应不小于 1500mm。室内地面应采用防滑材料，厨卫应采用防滑瓷砖，其他地面可采用木地板、塑料地板、橡胶地板或地毯等。

对于居家来说，要做到"无障碍"，家具也是重要的一个环节，应从实用出发，宜少不宜多。活动式的家具便是最好的选择之一，如综合柜可随意变成书柜，便于平日使用。沙发也不必搞成"3+2"或者"L形"模式，以免挤占家人的活动空间，让残疾人、老人和儿童行动更便捷。餐桌也不必非搞成传统的"一桌几椅"，因为繁琐的设计会带来诸多不便。此外，家具外露部分应尽量减少棱角；双人床应两面上下，有条件的应有扶手；床与沙发最好稍硬；沙发不宜过软、过深和过矮。对于老年人和儿童来说，楼梯也是很容易造成伤害的地方，加上一个保护性的防滑垫，就能有效减少伤害。室内客、卧、卫、厨及阳台间不宜设高差。无论是室外还是室内，都不宜采用大理石、水泥砂浆、木地板等表面摩擦系数小的材料做地面铺装，而应使用花岗石、陶瓷地砖等表面摩擦系数大的材料。

开关、插座
开关为大型琴键式开关。设置安全密闭型插座，且安装高度建议不低于 180cm。

照明和自然采光
为了减少明亮的反射光对老人和儿童眼睛的刺激，建议地面和墙面使用反光性较弱的材料；同时考虑到使用拐杖和轮椅，地面应选用耐磨材料。

老年人起夜次数较多，可以在卧室床头安置一个开关随时控制卫生间的灯，或者在卫生间设置一盏感应灯，采用柔和光源，以免影响睡眠。室内灯光应有弱有强，夜间最好有低度照明，便于残疾人、老人起夜。室内电灯开关的安装部位也要方便夜间使用。家用电器设备应尽量采用智能型，如有自动保温功能的电水壶等。还要考虑到残疾人的特殊性，比如聋哑人的房间要安装特殊的门铃，门铃一响，房间里的指示灯就会亮，这样，有客人来访时按门铃，主人也可以更加方便快速地知道。

照亮标识

有台阶或者斜坡出现，应有鲜明的色差或照明以做标识。

水龙头冷热水色彩标识应醒目，把手形状应为省力的杠杆式样或掀压式；为防止水流飞溅，水龙头应在开到最大时水流也保持柔和，龙头出水口应与洗漱盆的边缘保持一段距离。洗脸盆应为圆润的悬挑型，为便于轮椅使用者接近，洗面盆下应留有进深 65 厘米的空间，应当比普通洗脸盆安装得略高一些，也可避免健康老人使用时候过度弯腰。因为轮椅的脚踏板经常与洗脸池下的存水弯发生碰撞，所以设计时候应选用横向弯管或短管。老人常使用单手扶着池子来支撑身体，所以最好将其镶入台中或在周围设置扶手。扶手高度应高出洗脸池上端 3 厘米左右，同时扶手还可以设置成双层，下层兼顾毛巾架杆的作用。

轻材质

门窗选择重量较轻的木板门，在内应包保护板，便于轮椅的出入和增大耐冲击性；门锁应设计成内外双重锁，保证在发生紧急情况时能从外面开启。

坐便器

坐便器周围最好设置扶手和拉手。老人的坐便器应安装得略高一些，以免血液循环不佳的人腿麻、眼花。坐高在50厘米左右。

浴盆

至少在浴室的一端设置轮椅停放的空间，浴缸附近至少设置2个安全扶手，浴缸边缘应比较浅。淋浴面积设置得宽敞一些，至少能摆放一张小凳子。强烈建议使用塑木等防滑而脚感柔软的地面材料。